利根川の鳥

―中流域（坂東大橋付近）における1971年～2019年の記録―

小茂田英彦 著

表紙の写真

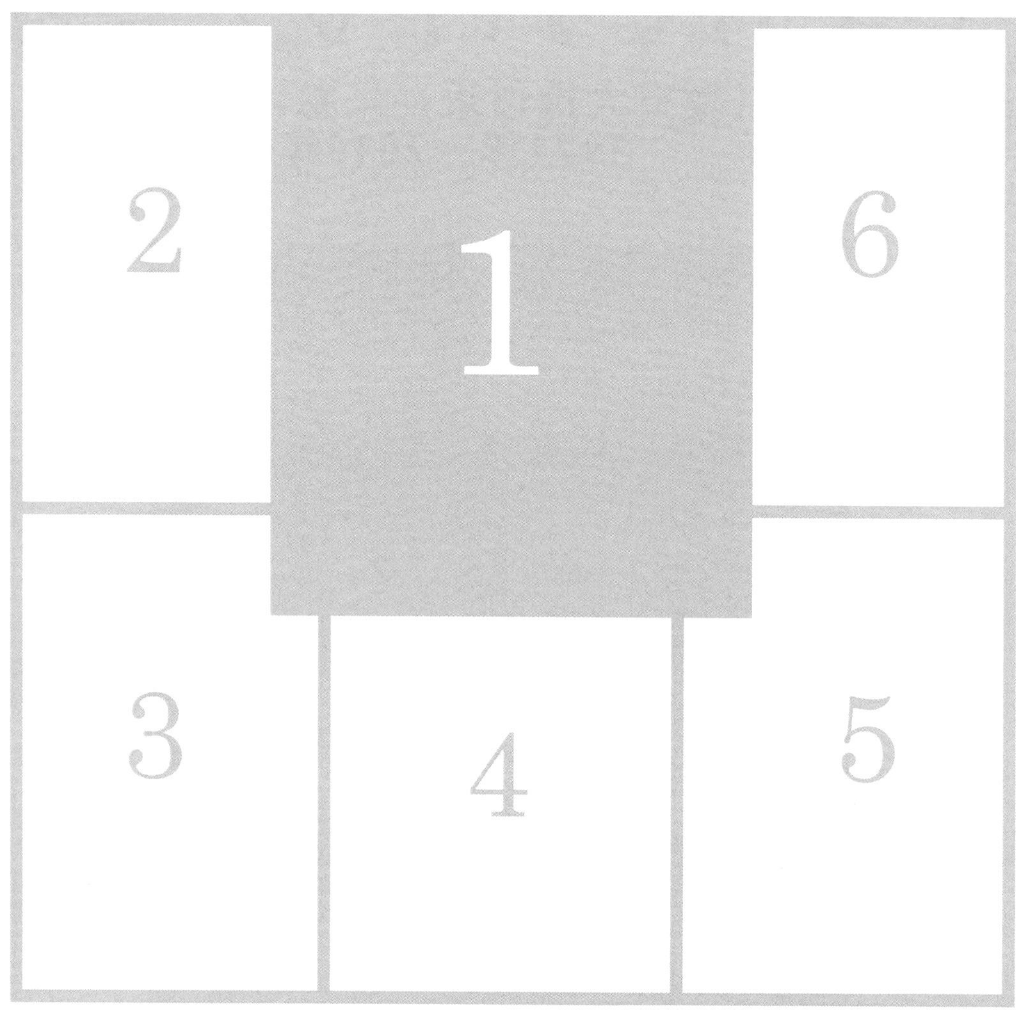

1　坂東大橋　2004 年 3 月 6 日（渡り初めの日。左は旧橋）
2　コシジロアジサシ　2004 年 5 月 5 日
3　オオカラモズ　2003 年 1 月 12 日
4　セアカモズ　2017 年 12 月 21 日
5　ハイイロヒレアシシギ　2001 年 2 月 24 日
6　ノビタキ　2005 年 4 月 9 日

扉の写真

坂東大橋を越え上流に向かうカワウの群れ。（橋は架け替えられ、現橋と異なる。後方は浅間山）
1989 年 12 月 10 日

裏表紙の写真

観察地右岸堤防中央付近から、上流を望む。　2004 年 1 月 10 日

目　次

はじめに……………………………………………………………………………… 4
本書の内容について ……………………………………………………………… 5
観察地について …………………………………………………………………… 7
1971 年から 2019 年の利根川（河川敷）の移り変わり ……………………… 8

写真編……………………………………………………………………………… 19
キジ目…………………… 20
カモ目…………………… 21
カイツブリ目…………… 35
ハト目…………………… 37
アビ目…………………… 38
ミズナギドリ目………… 38
コウノトリ目…………… 39
カツオドリ目…………… 40
ペリカン目……………… 40
ツル目…………………… 45
カッコウ目……………… 48
アマツバメ目…………… 48
チドリ目………………… 49
タカ目…………………… 72
フクロウ目……………… 79
サイチョウ目…………… 79
ブッポウソウ目………… 80
キツツキ目……………… 81
ハヤブサ目……………… 83
スズメ目………………… 84

解説編 ……………………………………………………………………………… 112
撮影時の概要や近況など……………………………………………………………113

観察記録編 ………………………………………………………………………… 137
被弾・落鳥（骨折）から再起したコハクチョウの記録 …………………………138
ツバメチドリの繁殖……………………………………………………………………142
セアカモズの観察………………………………………………………………………144
ネガフィルムの思い出５枚……………………………………………………………154
河川敷の移り変わりに伴う鳥の観察期間の変化について…………………………157

図表編 ……………………………………………………………………………… 163

日本野鳥の会群馬会報『野の鳥』、その他に発表した観察記録など……… 212
本書鳥類リスト…………………………………………………………………………214
和名索引……………………………………………………………………………… 216
学名索引……………………………………………………………………………… 218
参考文献……………………………………………………………………………… 221
あとがき……………………………………………………………………………… 222

はじめに

本棚の片隅に『鳥類の図鑑』がある。1964 年に発行された子供向け学習図鑑シリーズの 1 冊で、季節や地勢（平地、河川、低山、海岸など）に分けて見られる鳥をカラーの挿絵と解説で紹介している。それでは、本に触発されて外へ出かけて行ってこれらの鳥を見ようとしたかというと、小・中学生のころの私にはそんなことは思いもつかず、鳥への興味はもっぱらジュウシマツやセキセイインコを手元で飼うことに向いていた。

中学 1 年の国語の教科書に「よだかの星」があった。物語の内容よりも記憶にあるのは、当時庭にあったケヤキの木に見たこともない鳥が止まっていたことだ。「あっヨタカだ」と物干し竿を軒に立てかけ 2 階へ上がり、窓から屋根へ出て竿を持ちそっと近づく。竿の先を鳥へ向けようとした矢先ヨタカは不意に飛び立ち、スマートな体を翻し裏の家の方へ飛んで行ってしまった。素足に屋根瓦が熱い、1965 年の夏のことだった。

高度経済成長を続けていた日本でも 70 年代には公害や環境破壊が社会問題となり、そんな時代を背景に 1971 年環境庁（現環境省）が発足し、同じ年大学生になっていた私は、学内サークルの野鳥の会に入った。サークルの定期的な活動は、会設立当初から続く多摩川でのカウント調査で、それは河川敷の同じコースを歩きながら観察した鳥の種類と数を記録するものだった。そしてここでの経験は、後の私の利根川における野鳥観察の原点になったものである。また日帰りでの高尾山、新浜（しんはま）（千葉県浦安から行徳一帯）における探鳥会、春、夏、冬には合宿を山中湖、奥日光、伊豆沼などで実施し、多くの野鳥に出会った。5 月の連休に山中湖畔の山荘を拠点に合宿（自炊）し、日毎にコースを変えて探鳥した時など、鳴き声だけで「キビタキです……あっちはビンズイです」と教えてくれる先輩は無論のこと、「オオルリの声もしました」と私と同じ新入生が言い当てるには「こんな奴がいるんだ」と、あぜんとしたものだった。また初めての経験は余程強烈だったとみえ、雑魚寝の布団に入り消灯しても日中聞いたアカハラの声がいつまでも耳に残っていて、なかなか寝付かれなかったことも思い出される。このころ我々同好者の必携書は、『原色日本鳥類図鑑』だった。観察できた鳥には、その項目のところに年月日と場所を記入し、記録種が増えていくのを仲間と競い合ったものである。休暇で帰省すると鳥を見ることを目的に初めて利根川へ出かけ、ここでの記録も新たに観察ノートに加えていった。

1975 年には日本野鳥の会に入会し、そのころ出会った本が『群馬の野鳥』だった。県下でも様々な鳥が観察され、特にシギやチドリ、カモの中にまだ私自身見ていないものが多くあり、「よし、利根川で見られる鳥を全部写真に撮って、自分もこんな本をいつか出すぞ」と秘かに決意したものである。

あれから 45 年、ここで一区切りということでまとめてみました。何の変哲もないようにみえる利根川も多くの野鳥にとってはかけがえのない場所であることを、みなさまにも知っていただければと思います。

本書の内容について

本書はサブタイトルにあるとおり、1971 年から 2019 年の間に利根川の下記区域において筆者が観察・撮影した鳥である。

観察・撮影区域

本書に掲載した写真・図表の記録は、全て坂東大橋（群馬県伊勢崎市と埼玉県本庄市を結ぶ）から、約 8km 下流の上武大橋（伊勢崎市と埼玉県深谷市を結ぶ）までのものだが、大半は約 3km 下流の送電線が川を横断している付近までで、その他が島村渡船場（前述した送電線と上武大橋の中間）付近である。なお、文中において本区域を「当地」と表記している場合があり、また本区域外で撮影した写真の場合は、その場所を明記した。

観察方法

観察方法は、カメラや望遠鏡、双眼鏡を携帯し、高水敷や河原に釣り人等様々な河川利用者によってできた通路を車で移動しながら、所々のポイントに腰を落ち着けての観察で、河川敷内を長距離歩いての観察はしていない。なお、時に珍しい鳥が見られた場合は、観察場所が一定の範囲に限定されてしまうこともある。また、帰宅後その日の観察概要を観察ノート（現在 24 冊目）に記録している。

写真編について

写真編の原稿は全てリバーサルフィルムであるが、いったん DVD に書き込んだものを使用した。また、雄・雌、成鳥・幼鳥、夏羽・冬羽等記載したが、判断に迷うものは未記載とした。なお、「観察記録編」の文中にはネガフィルムやコンパクトデジタルカメラで撮ったものもある。また、学名の右に付したページは、同種の図表のページに対応している。

図表編について

ひと月を 7 日毎に 4 分割し（4 週目が 8 ～ 10 日となる月がある）、観察できた場合は着色してある。なお、例えばスズメ、ヒバリ等留鳥にもかかわらず着色されていないのは、たまたま観察できなかった場合もあるが、多くは都合によりフィールドに出かけられなかったことによる。1971 年から 75 年は観察日数が少ないため、5 年分をまとめてある。また、80 年から 82 年は観察日数が極端に少なく未着色が多いが、これは所用により出かける機会が少なかったためと、冬期についてはコハクチョウの観察に没頭し、他の種はほとんどチェックしなかったことによる。

なお、個体数のカウントはしていないので、その種の数の増減を図表から読み取ることはできない。年間の延観察日数を揚げたが、1 時間未満の観察時間のものもそれは 1 日と数え、仮に同日の午前と午後の 2 回出かけたとしてもあくまでも観察日数なので、それは 1 日としている。

掲載鳥種

自身で観察・確認できた187種で、うち写真掲載種は175種であるが、亜種であるアメリカコガモ、ハチジョウツグミもそれぞれ掲載した。なお、1986年11月15日に観察・撮影したカナダガンは人馴れしていたこと、2001年3月10日（初認されたのは3月4日）の同ユキホオジロは尾羽が擦り切れていたことによりどちらもかご抜けと判断し、掲載していない。（カナダガンについては、11月2日撮影された同一個体と思われる写真が、雑誌『BIRDER』1997年1月号の24ページに掲載されている）

また、当地において同好の仲間により、コクガン（2002年11月3日）、オオメダイチドリ（2004年4月19日）、アカアシチョウゲンボウ（2006年4月27日）、コウライアイサ（2011年4月5日）、アラナミキンクロ（2013年3月25日）等観察・撮影されており、うちコクガン、オオメダイチドリ、コウライアイサについては、『群馬県鳥類目録　2012』（日本野鳥の会群馬、2014）に掲載されている。

なお、2020年3月発行の同改訂版（ＰＤＦ）には、アカアシチョウゲンボウ、アラナミキンクロも追加された。

掲載順

『日本鳥類目録改訂第7版』（日本鳥学会2012）にならった。

使用機材・フィルム

カメラ	レンズ
ミノルタSRT－101	MCロッコール50mm　F1.7
	MCテレロッコール300mm　F5.6
ニコンF3ハイアイポイント	ニッコール35mm　F2.8
	ニッコールED300mm　F4.5
	ニッコールED600mm　F5.6

フィルム
コダクローム、フジクロームほか

その他

日付は観察・撮影の継続性や経過年の把握が容易なように、全て西暦を使用した。

観察地について

1971 年から 2019 年の利根川（河川敷）の移り変わり

本書の記録の大半は、坂東大橋から 3km 下流にある送電線までである。それはそこが単に「子供のころから慣れ親しんでいた場所」というだけで、他意はない。

当初から、そして本来の目的が鳥の観察・撮影だったので、少しずつ進む河川敷の変化に注意を払うのがおろそかになってしまったことは否めない。

でもその変化は、ここでの鳥の生活に影響を与え、ひいては観察結果にも反映されているのではないかと思う。

そこで 10 年ごとに区切り、客観的な写真や図を基に、およそ 50 年の河川敷の移り変わりを初めに概観してみたい。そしてそれが本書理解の一助になればと思う。

1　1970 年代

「本書の内容について」の「観察方法」の中でふれた観察ノート（NO.1）は 71 年 7 月 17 日から始まり、そのノートの表紙裏には前述した場所が描かれていて、それを転記したのが図 1 である。また、場所がわかるよう所々に名称が記入してある。それらは通称

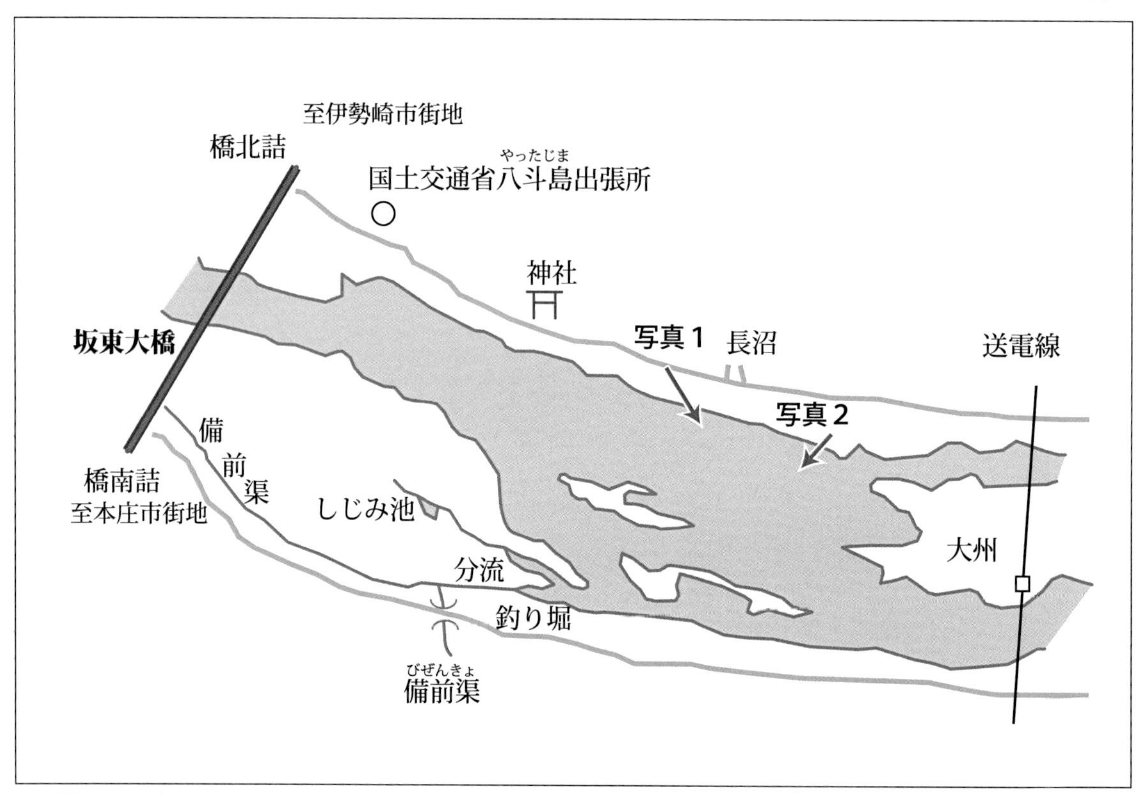

図 1　71 年 7 月

の場合もあるが、私が勝手に名づけたものもある。あわせて写真 1（77 年 1 月 16 日）、写真 2（77 年 3 月 21 日）の撮影場所と方向を同図に矢印で示した。図と写真に 6 年の隔たりがあるが、この間河川敷に大きな変化は見られず、所によっては低水路（いちばん広い所で幅 700m くらい）いっぱいに、とうとうと水が流れていた。また「しじみ池」とは上手側からの伏流水が途中でしみ出し、低水路の際を 30 mほど流れ下り、その水を

集めた水深 50cm の池で、大水の時は無論表流水が流れ込んでしまうが、通常は伏流水だけなので澄んだ水をたたえていて、シジミが生息していた。さらにここからあふれ出した水は東へと流下し、「釣り堀」の北で本流に合流していた。

写真 1　77 年 1 月 16 日　堤防上から。手前の裸地が高水敷で、幅 10m。
その向こうが 2m 落ち込みヨシ原の水路敷になる。

写真 2　77 年 3 月 21 日　水路敷の端から。中央右奥は御荷鉾山。

2　1980年代

83年から県央第一水道の給水が開始された（後述）。

図2は84年5月29日から始まった観察ノート（NO.5）からのものだが、図を描いたのは10月で、メモ書きに「今年は大水なし。過去4年続きの大水により大きな中州ができたが水量が少なく、より中州が目立っている」とある。

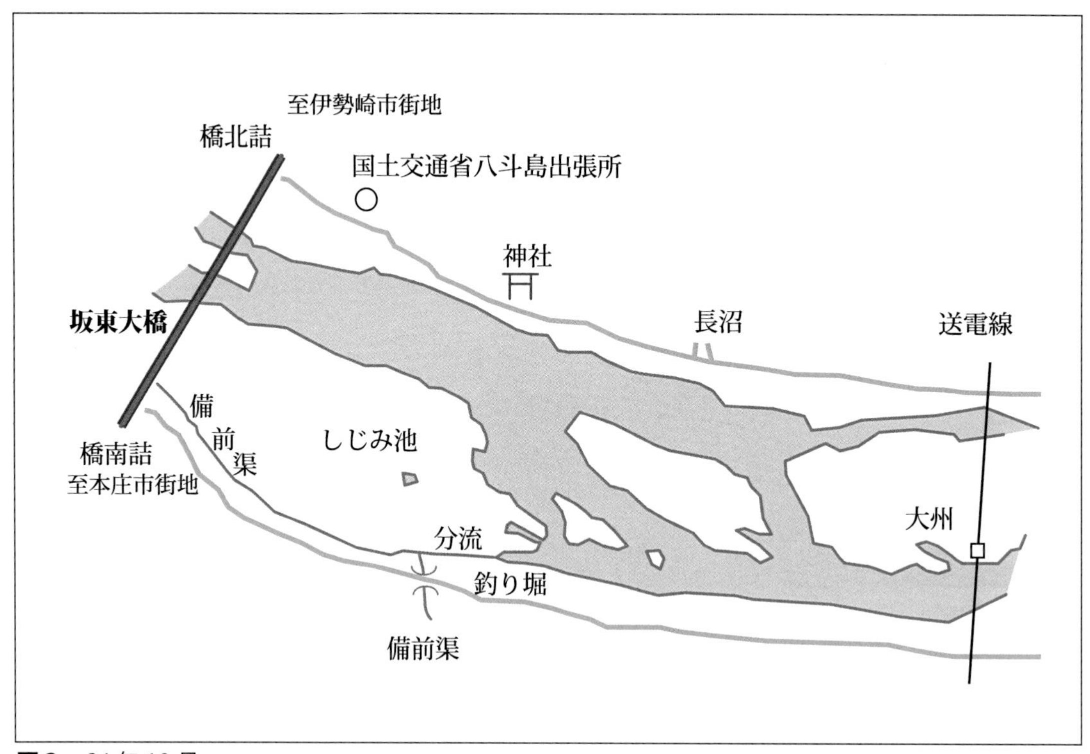

図2　84年10月

左右両岸の水際線の位置は、70年代と変化は見られないが、「しじみ池」は伏流水の供給が減り、小さな水たまりになってしまう。また、「釣り堀」とは「備前渠」からの分流が利根川本流に合流したところで、86年11月に見られたカナダガン（かご抜け）はここで釣り人に邪魔者扱いされていた。以降水量の減少に伴い「釣り堀」は徐々に小さくなり、観察ノートに記載がないため何年ころだかはっきりしないが、今ここは分流の流路を残しヨシにヤナギの点在する草原になってしまった。

3　1990年代

図3は91年9月作図。左岸沿いの「長沼」から「送電線」の流れは水量が減少した結果分断され、上流部分は池状になってしまう。またその川床を横切り河川敷の中央寄りまで車での侵入が可能になる（写真3）。

ちなみに、坂東大橋より上流にある利根川水系6ダム（藤原、相俣、薗原、八木沢、下久保、奈良俣）で最後にできたのが奈良俣ダムで90年に完成している。この完成が少なからぬ影響を与えたのだろうか。その他の5ダムは全て60年代後半までの完成である。なお、90年から新田山田水道の給水が開始された（後述）。90年以降も小規模なダムが造られ、

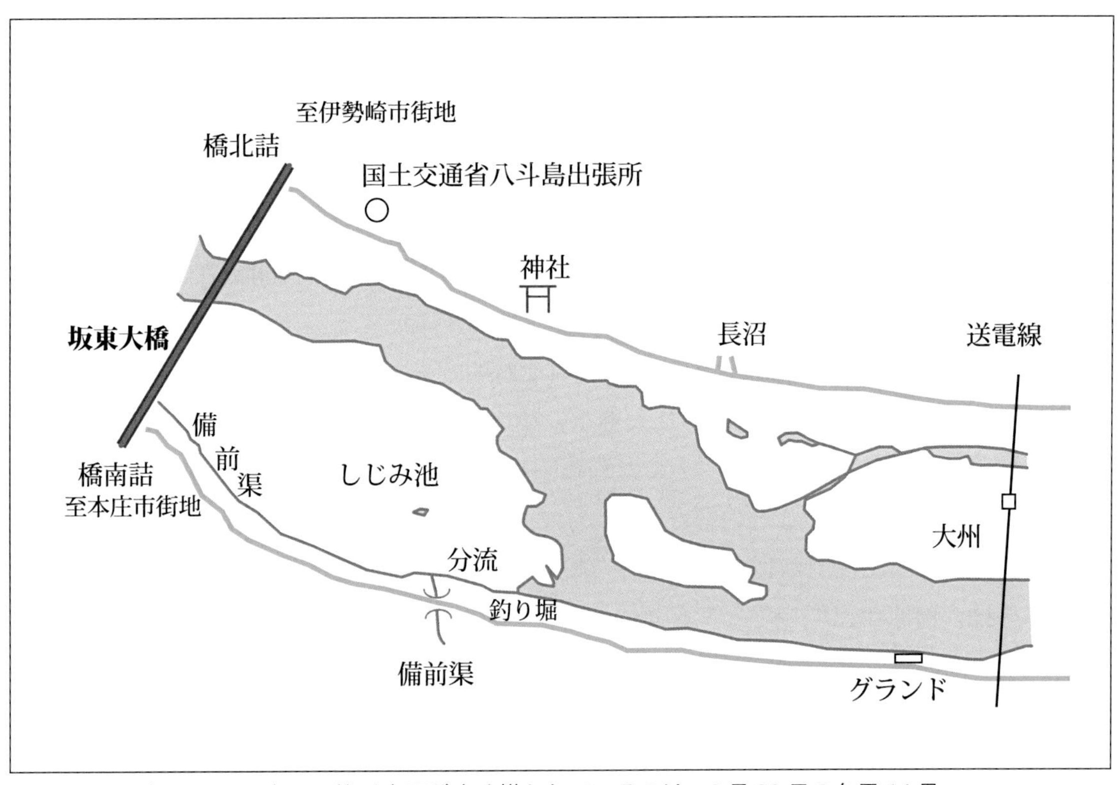

図 3　91 年 9 月　写真 3 に比べ水面が広く描かれているのは、8 月 30 日の台風 14 号による増水があったためである。

写真 3　90 年 11 月 24 日　左岸堤防からナベコウを写したもの。河川中央寄りまで川床が露出している。

92年下仁田町に道平川ダムが完成している。

90年代半ばになると「大州」の北側の流れはヨシが徐々に侵入してきて歩きにくくなり、「大州」へも直接車で行けるようになる。なお、「大州」の鉄塔は建て替えられ位置が替わっている。また一部干上がって小さくなった「しじみ池」の南側も車が通行するようになる。96年、坂東大橋の架け替えに伴い新橋の橋脚工事が順次開始され、98年5月には流れの中央のひとつを残して全9脚のうち8脚が完成する。一方、97年から東部地域水道、98年から県央第二水道の給水がそれぞれ開始された（後述）。

98年9月16日、台風5号により大増水。橋の下手から「しじみ池」の北まで石の河原が一面に広がる。台風以前は、そこは踏み固められ草の生えた河原で、大増水があっても安定していて変化することはなかったが、この時は新・旧両橋の橋脚があったためか、それらにぶつかった流れが過去になかった撹拌を起こし、河原の表層全体が剥がされ、まっさらな砂礫の河原が出現した（写真4）。

なおこの時、栗橋（埼玉県久喜市栗橋。ここから50kmほど下流）の水位観測地点ではカスリーン台風（1947年9月）以来の水位を記録したとのことだった。

11月から流れの中央の橋脚工事が始まり99年に完成する。

写真4　98年10月3日　表層が一部残る。
坂東大橋の手前に新橋の橋脚が白く見える。

同年には中之条町に四万川ダムが完成するが、前述した道平川ダムと合わせた総貯水量は、奈良俣ダムのおよそ6分の1である。

4　2000年代

04年秋から旧橋の解体・撤去工事が始まり、07年5月には全て撤去が完了する。「しじみ池」はさらに水が少なく、伏流水が流れ込んでいる様子はなく、そして13年には干上がってしまう。

以降は露出した川床や中州に根付いた木・草本の更新・生長（葉を落としたり、増水時に流れ着いたゴミを根元に留めたり……これらは土に還ってゆく）と水量の漸減が相まって乾燥化が進み、さらなる樹木の生育を促す結果になっている。

写真５（04 年）と写真６（17 年）は、画角は異なるが右岸堤防の同じ位置から撮ったもので、13 年経ち中州の樹木の生長が見て取れる。

また図４は現在（2018 年）の河川敷で、図１（1971 年）と比較すると水量が少なくなったため、川床が現れ河原の面積が大きくなったのがわかる。あわせて写真７と８をそれぞれ 1977 年に写した写真１と２で比べると、水量の減少による変化は一目瞭然である。

写真５　04 年 1 月 10 日　右岸堤防から「神社」〜「長沼」方面を、右奥は赤城山。

写真６　17 年 3 月 25 日　中州の樹木が生長し、左岸堤防も見通しにくくなる。

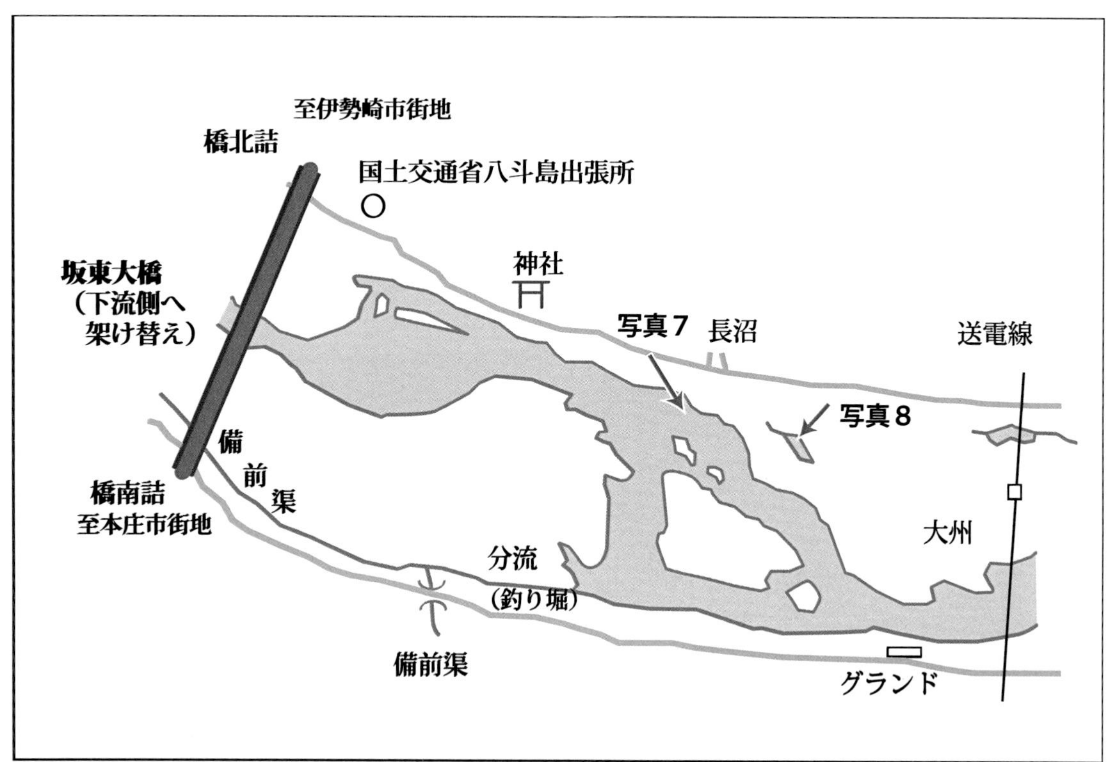

図４　2018 年７月

5　まとめ

左岸側「国土交通省八斗島出張所」から「神社」にかけては、川岸に護岸用の波消しブロックがびっしり並んでいて水際線に変化はない。また右岸では「釣り堀」のすぐ下手から「グランド」までは同じく水際線にほぼ変化はない。ただし、その水位を比べると「グランド」付近における現在の水位は、1970 年代より高低差で 2m 以上下になってしまった。

水量の漸減の影響は、左岸側ではまず「長沼」から「送電線」にかけて現れ、本流から分断された流れは細くなり、さらに池状になり、露出した川床はそのままかつては中州であった「大州」と地続きになってしまい、その「大州」も水量が減少した結果右岸側へ大きく張り出している。（川床の勾配は、左岸側から右岸側への下り勾配になっている）

一方右岸側でのその影響はまず「しじみ池」に現れ、伏流水の減少・枯渇により「しじみ池」は消滅し、また「しじみ池」北の河原も大きく下流側と左岸「神社」方向へ広がっていて、いちばん狭いところで川幅は約 120m である（2018 年７月 13 日、手製の簡易な器具を用い三角測量で計測、ちなみにこのあたりの左右両岸堤防の幅は約 1,000m）。なお「しじみ池」の南から「橋南詰」にかけては低水路より一段高い高水敷で、幅は広いところで 400m くらいあり、牧草地や畑地、グランド等に利用されていて、元々直接的には水量の減少の影響は受けていない。

また、利根川の支流吾妻川に建設中の八ッ場ダム（長野原町）は、2019 年 10 月１日から貯水安全試験を始め、2020 年３月 31 日に完成した。

なお、2019 年 10 月 12 日伊豆半島に上陸した台風 19 号は、関東を縦断し、福島沖に抜け東北だけでなく関東にも甚大な被害をもたらした。当地においても「神社」の前で高

写真7　2019 年 11 月 2 日　写真 1 と同じ位置から。水量の減少により、
左方から「大州」が大きく広がっている。

写真8　2019 年 11 月 2 日　写真 2 とほぼ同じ位置から。
水量の減少により、水面はずっと先になってしまった。

水敷まで水が上がり、右岸「グランド」では堤防法面に線状に残る流れついたゴミの痕跡は、グランド面から1mも上だった。1998年9月の台風5号（P12参照）の時も「グランド」は冠水したが、今回の増水の方がその時を上回り、河川敷内においても川岸沿いの通路がえぐられ崩落・寸断されたり、中州に生育していた草木がなぎ倒され（P160写真3参照）、98年の台風5号以上の変化をもたらした。

6　群馬県の水道事業における河川水の利用について

図5は群馬県における水道事業の水源種別一日平均取水量（表1）をグラフにしたものである。野鳥観察当初の1976年度は全体600千m³のうち約65%が地下水で、表流水は同35%であった（78年には別事業であるが東毛工業用水道が供用開始された）。以降水需要の増大と地下水の適正な利用を図るため、水道事業において表流水利用への転換が進められ、83年には県央第一水道の給水が開始された。その後90年に新田山田水道が給水開始されるまでは、年を追うごとに地下水、表流水合わせた一日平均総取水量が急増していて、さらに地下水に比べ表流水の上昇が著しく、90年度でみてみると全体990千m³の約45%が表流水となっている。

91年度以降2000年度までの一日平均総取水量は各年度とも1,000千m³を超え、その間97年に東部地域水道、98年に県央第二水道の給水がそれぞれ開始された。

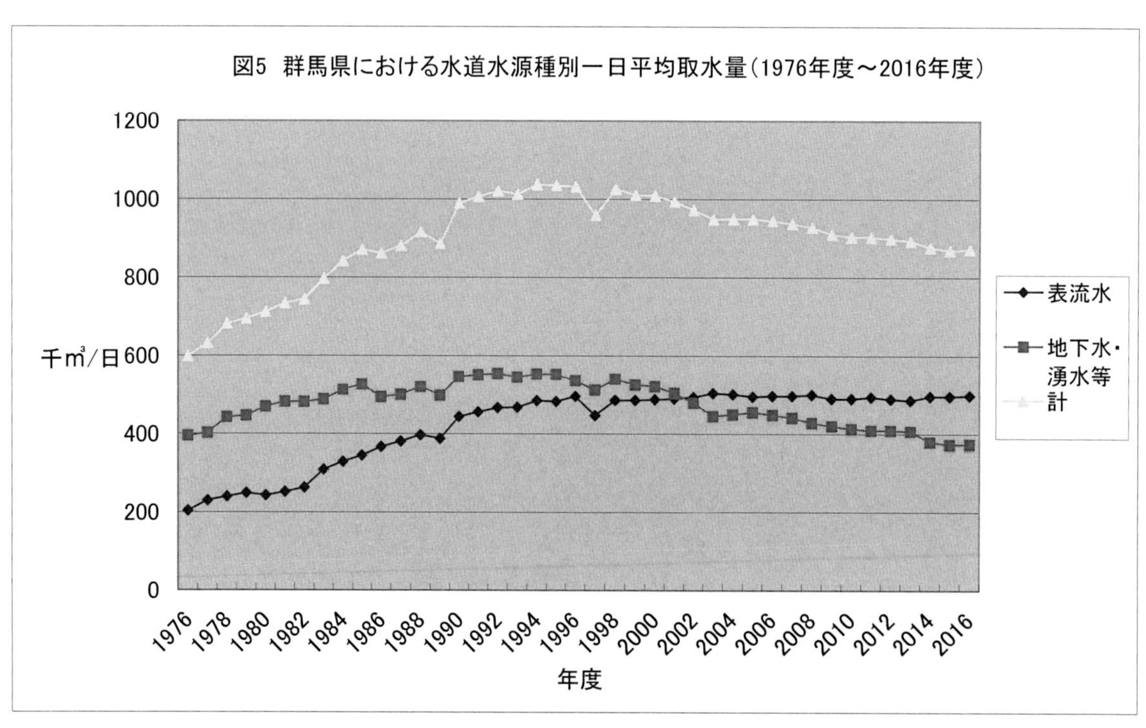

2001年度以降は、一日平均総取水量は漸減しているものの、2002年度以降は表流水の割合が地下水を上回り、地下水は総取水量と同様に漸減しているにもかかわらず、表流水は横ばいで推移している。

このように、私たちの生活に欠くことのできない水は、その多くを利根川水系の表流水に依存しており、継続的かつ安定的に一定量を利用していることは、前述したおよそ 50 年の利根川の河川敷の移り変わりに如実に現れている。

表1　群馬県における水道水源種別一日平均取水量（専用水道除く）

単位：千㎥/日

年度＼項目	表流水	地下水・湧水等	計	備　考
1976	204	395	599	
1977	230	402	632	
1978	240	442	682	東毛工業用水道供用開始
1979	249	446	695	
1980	243	469	712	
1981	252	482	734	
1982	263	481	744	
1983	309	488	797	県央第一水道給水開始
1984	329	513	842	
1985	345	526	871	
1986	367	494	861	
1987	381	500	881	
1988	397	520	917	
＊1989	388	498	886	
1990	444	546	990	新田山田水道給水開始
1991	456	551	1,007	
1992	467	554	1,021	
1993	468	545	1,013	
1994	485	553	1,038	
1995	483	552	1,035	
1996	496	536	1,032	
＊1997	447	512	959	東部地域水道給水開始
1998	486	540	1,026	県央第二水道給水開始
1999	486	525	1,011	

年度＼項目	表流水	地下水・湧水等	計	備　考
2000	488	521	1,009	
2001	490	504	994	
2002	494	479	973	
2003	504	445	949	
2004	501	449	950	
2005	495	455	950	
2006	497	448	945	
2007	497	441	938	
2008	500	428	928	
2009	490	420	910	
2010	490	413	903	
2011	494	409	903	
2012	489	409	898	
2013	486	407	893	
2014	496	380	876	
2015	496	373	869	
2016	498	374	872	

＊1975年度以前のデータは欠損が多く非提供。
＊1989年度、1997年度はデータが一部欠損している。
＊元データの小数第3位以下四捨五入。
＊資料提供・・群馬県健康福祉部食品・生活衛生課。

その他参考文献等

群馬の水　1990年　群馬県企画部水資源課

国土交通省ホームページ

群馬県ホームページ

Wikipedia

写真編

キジ目　キジ科

ウズラ

学名　*Coturnix japonica*

P164

雄。　1985年7月7日

キジ目　キジ科

キジ

学名　*Phasianus colchicus*

P164

雄。　1993年4月23日

カモ目　カモ科

ヒシクイ

学名　*Anser fabalis*

P164

2009年11月29日

カモ目　カモ科

マガン

学名　*Anser albifrons*

P164

幼鳥。　1987年3月8日

カモ目　カモ科

コブハクチョウ

学名　*Cygnus olor*

P165

成鳥（中央）、幼鳥（左右）。　2006年2月19日

カモ目　カモ科

コハクチョウ

学名　*Cygnus columbianus*

P165

幼鳥（左と右から2羽目、他は成鳥）。　1984年12月29日

カモ目　カモ科

オオハクチョウ

学名 *Cygnus cygnus*

P165

幼鳥。 1996年12月22日

カモ目　カモ科

ツクシガモ

学名 *Tadorna tadorna*

P165

成鳥。 1993年12月24日

カモ目　カモ科
オシドリ
学名　*Aix galericulata*

P166

雄。　1995 年 11 月 26 日

カモ目　カモ科
オカヨシガモ
学名　*Anas strepera*

P166

雄。　1994 年 12 月 17 日

カモ目　カモ科
ヨシガモ
学名　*Anas falcata*

P166

雄。　1998年2月14日

カモ目　カモ科
ヒドリガモ
学名　*Anas penelope*

P166

雄（中央の2羽）、雌（左）。　1998年2月14日

カモ目　カモ科

アメリカヒドリ

学名 *Anas americana*

P167

雄。　1998 年 4 月 5 日

カモ目　カモ科

マガモ

学名 *Anas platyrhynchos*

P167

雄。　2017 年 2 月 17 日

カモ目　カモ科

カルガモ

学名　*Anas zonorhyncha*

P167

成鳥とヒナ。 1986年6月15日

カモ目　カモ科

ハシビロガモ

学名　*Anas clypeata*

P167

雄（右）、雌（左）。 1984年5月3日

カモ目　カモ科

オナガガモ

学名　*Anas acuta*

P168

雄。　2006年2月18日

カモ目　カモ科

シマアジ

学名　*Anas querquedula*

P168

雄。　1990年4月25日

カモ目　カモ科

トモエガモ

学名　*Anas formosa*

P168

雄。　1998年12月13日

カモ目　カモ科

コガモ

学名　*Anas crecca*

P168

亜種コガモ、雄。　2017年2月26日

カモ目　カモ科

アメリカコガモ

学名　*A. c.carolinensis*

P169

亜種アメリカコガモ、雄。
1989年12月27日

カモ目　カモ科

ホシハジロ

学名　*Aythya ferina*

P169

雄（奥）、雌（手前）。
1989年10月22日

カモ目　カモ科
アカハジロ
学名　*Aythya baeri*

P169

雄。　1996年3月31日

カモ目　カモ科
キンクロハジロ
学名　*Aythya fuligula*

P169

雄（体側白い）、雌（それ以外）。　2007年4月21日

カモ目　カモ科

スズガモ

学名　*Aythya marila*

P170

雄（右）、雌（左）。
1989年10月22日

カモ目　カモ科

シノリガモ

学名　*Histrionicus histrionicus*

P170

雌。
2007年1月3日

カモ目　カモ科

クロガモ

学名 *Melanitta americana*

P170

雄。 2006年12月17日

カモ目　カモ科

ホオジロガモ

学名 *Bucephala clangula*

P170

雄・雌混群。 2006年2月19日

カモ目　カモ科

ミコアイサ

学名　*Mergellus albellus*

P171

雄。　2017年2月26日

カモ目　カモ科

カワアイサ

学名　*Mergus merganser*

P171

雄（右）、雌（後ろ向き）。　1999年2月20日

カモ目　カモ科

ウミアイサ

学名　*Mergus serrator*

P171

雄。　2005年4月29日

カイツブリ目　カイツブリ科

カイツブリ

学名　*Tachybaptus ruficollis*

P171

夏羽。　1986年6月26日

カイツブリ目　カイツブリ科

アカエリカイツブリ　学名　*Podiceps grisegena*

P172

夏羽。　2007 年 4 月 29 日

カイツブリ目　カイツブリ科

カンムリカイツブリ　学名　*Podiceps cristatus*

P172

夏羽。　2013 年 4 月 13 日

カイツブリ目　カイツブリ科

ハジロカイツブリ

学名 *Podiceps nigricollis*

P172

冬羽。　1994年12月14日

ハト目　ハト科

キジバト

学名 *Streptopelia orientalis*

P172

1999年11月27日

アビ目　アビ科

オオハム　学名 *Gavia arctica*

P173

2008年4月29日

ミズナギドリ目　ミズナギドリ科

オオミズナギドリ　学名 *Calonectris leucomelas*

P173

2004年10月11日

コウノトリ目　コウノトリ科

ナベコウ

学名　*Ciconia nigra*

P173

1990 年 11 月 23 日

コウノトリ目　コウノトリ科

コウノトリ

学名　*Ciconia boyciana*

P173

2018 年 10 月 9 日

カツオドリ目　ウ科

カワウ

学名 *Phalacrocorax carbo*

P174

1991年11月24日

ペリカン目　サギ科

ヨシゴイ

学名 *Ixobrychus sinensis*

P174

1984年8月10日

ペリカン目　サギ科

ゴイサギ

学名　*Nycticorax nycticorax*

P174

成鳥。　1987年6月14日

ペリカン目　サギ科

ササゴイ

学名　*Butorides striata*

P174

1991年8月18日

ペリカン目　サギ科

アカガシラサギ

学名　*Ardeola bacchus*

P175

1986年11月30日

ペリカン目　サギ科

アマサギ

学名　*Bubulcus ibis*

P175

夏羽。

2004年5月2日

ペリカン目　サギ科

アオサギ

学名　*Ardea cinerea*

P175

1984年10月7日

ペリカン目　サギ科

ダイサギ

学名　*Ardea alba*

P175

1999年10月11日

ペリカン目　サギ科

チュウサギ

学名　*Egretta intermedia*

P176

2010年4月18日

ペリカン目　サギ科

コサギ

学名　*Egretta garzetta*

P176

1988年6月26日

ペリカン目　トキ科

クロツラヘラサギ　**学名** *Platalea minor*

P176

1988年1月17日

ツル目　ツル科

ナベヅル　**学名** *Grus monacha*

P176

幼鳥。　1998年4月11日

ツル目　クイナ科

クイナ

学名　*Rallus aquaticus*

P177

1993年3月21日

ツル目　クイナ科

ヒクイナ

学名　*Porzana fusca*

P177

成鳥。　1984年8月2日

ヒナを守るため、人の注意をヒナからそらそうとしてか、翼を広げている。

ツル目　クイナ科

バン

学名　*Gallinula chloropus*

P177

成鳥。　1986年5月18日

ツル目　クイナ科

オオバン

学名　*Fulica atra*

P177

成鳥。　2004年11月21日

カッコウ目　カッコウ科

カッコウ

学名　*Cuculus canorus*

P178

1999年6月6日

アマツバメ目　アマツバメ科

ハリオアマツバメ

学名　*Hirundapus caudacutus*

P178

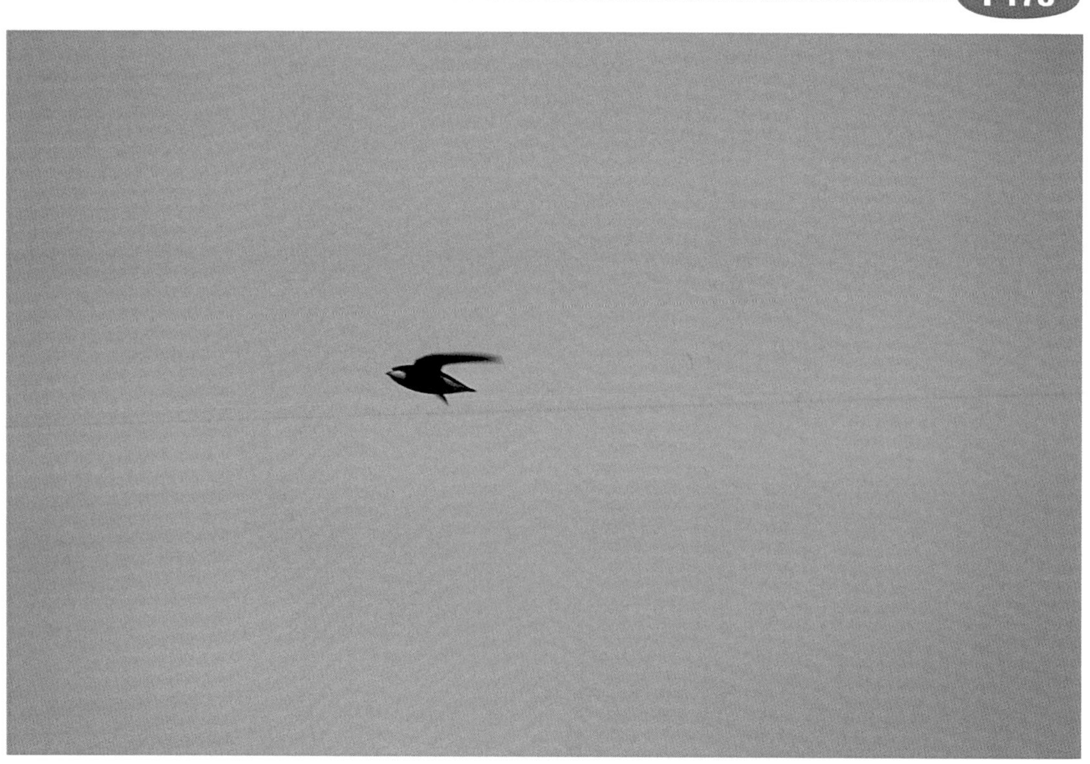

2005年5月15日

アマツバメ目　アマツバメ科

アマツバメ

学名　*Apus pacificus*

P178

2000 年 4 月 22 日

チドリ目　チドリ科

タゲリ

学名　*Vanellus vanellus*

P179

1999 年 1 月 17 日

チドリ目　チドリ科

ケリ

学名　*Vanellus cinereus*

P179

幼鳥。　2000年7月16日

チドリ目　チドリ科

ムナグロ

学名　*Pluvialis fulva*

P179

1996年8月4日

チドリ目　チドリ科

ダイゼン

学名 *Pluvialis squatarola*

P180

1992年9月29日

チドリ目　チドリ科

ハジロコチドリ

学名 *Charadrius hiaticula*

P180

1985年9月16日

チドリ目　チドリ科

イカルチドリ

学名　*Charadrius placidus*

P180

1989年4月22日

チドリ目　チドリ科

コチドリ

学名　*Charadrius dubius*

P180

成鳥雄（左）、雌（右）。

1992年5月12日

チドリ目　チドリ科

シロチドリ

学名　*Charadrius alexandrinus*

P181

群れ。　1997年9月6日

チドリ目　チドリ科

メダイチドリ

学名　*Charadrius mongolus*

P181

夏羽。　2004年5月1日

チドリ目　セイタカシギ科

セイタカシギ

学名　*Himantopus himantopus*

P181

雄（左）、雌（右）。　　2004年5月2日

チドリ目　シギ科

タシギ

学名　*Gallinago gallinago*

P181

1999年10月10日

チドリ目　シギ科

オオソリハシシギ　学名　*Limosa lapponica*

P182

上武大橋右岸下流約 500 m。　2010 年 3 月 20 日

チドリ目　シギ科

チュウシャクシギ　学名　*Numenius phaeopus*

P182

2001 年 5 月 5 日

チドリ目　シギ科

ホウロクシギ

学名　*Numenius madagascariensis*

P182

2013 年 4 月 12 日

チドリ目　シギ科

ツルシギ

学名　*Tringa erythropus*

P183

冬羽。

2006 年 4 月 1 日

チドリ目　シギ科
アオアシシギ
学名　*Tringa nebularia*

P183

2006年10月21日

チドリ目　シギ科
クサシギ
学名　*Tringa ochropus*

P183

1984年9月24日

チドリ目　シギ科
タカブシギ
学名　*Tringa glareola*

P183

1984年9月30日

チドリ目　シギ科
キアシシギ
学名　*Heteroscelus brevipes*

P184

夏羽。

2000年5月5日

チドリ目　シギ科

ソリハシシギ

学名　*Xenus cinereus*

P184

夏羽。　2014年4月29日

チドリ目　シギ科

イソシギ

学名　*Actitis hypoleucos*

P184

2000年5月6日

チドリ目　シギ科

キョウジョシギ

学名　*Arenaria interpres*

P184

夏羽。　2011年5月4日

チドリ目　シギ科

トウネン

学名　*Calidris ruficollis*

P185

夏羽。　2004年5月2日

チドリ目　シギ科

オジロトウネン

学名　*Calidris temminckii*

P185

夏羽。(特に右の個体)　1992年4月26日

チドリ目　シギ科

ヒバリシギ

学名　*Calidris subminuta*

P185

2002年9月28日

チドリ目　シギ科

ウズラシギ

学名　*Calidris acuminata*

P186

夏羽。　2004年5月9日

チドリ目　シギ科

サルハマシギ

学名　*Calidris ferruginea*

P186

夏羽。　2002年5月25日

チドリ目　シギ科

ハマシギ

学名 *Calidris alpina*

P186

群れ。 1997年11月1日

チドリ目　シギ科

エリマキシギ

学名 *Philomachus pugnax*

P186

1989年9月17日

チドリ目　シギ科

アカエリヒレアシシギ　学名 *Phalaropus lobatus*

P187

夏羽。 1992年6月1日

チドリ目　シギ科

ハイイロヒレアシシギ　学名 *Phalaropus fulicarius*

P187

夏羽。（坂東大橋右岸上流約１ｋｍ） 2013年3月31日

チドリ目　ツバメチドリ科

ツバメチドリ

学名　*Glareola maldivarum*

P187

親鳥（夏羽）とヒナ（親の胸元左）。　1985年5月28日

この時の繁殖については、P142「ツバメチドリの繁殖」参照。

夏羽。　2004年5月16日

チドリ目　カモメ科

ミツユビカモメ

学名　*Rissa tridactyla*

P187

夏羽。　1995年3月18日

チドリ目　カモメ科

ユリカモメ

学名　*Larus ridibundus*

P188

夏羽。　1997年4月13日

チドリ目　カモメ科

ウミネコ

学名　*Larus crassirostris*

P188

夏羽。　2001年3月10日

チドリ目　カモメ科

カモメ

学名　*Larus canus*

P188

冬羽。　2010年3月21日

チドリ目　カモメ科

シロカモメ

学名　*Larus hyperboreus*

P188

幼鳥。　2012年4月14日

チドリ目　カモメ科

セグロカモメ

学名　*Larus argentatus*

P189

冬羽。　1998年1月31日

チドリ目　カモメ科

オオセグロカモメ　学名 *Larus schistisagus*

P189

成鳥。（右はセグロカモメ）　2010年2月13日

チドリ目　カモメ科

コアジサシ　学名 *Sterna albifrons*

P189

成鳥夏羽。（左雌、右雄）　2005年5月21日

チドリ目　カモメ科

コシジロアジサシ　学名　*Sterna aleutica*

P189

小雨の中、ショウドウツバメと。　2003年9月21日

チドリ目　カモメ科

アジサシ　学名　*Sterna hirundo*

P190

成鳥。　2002年5月18日

チドリ目　カモメ科

クロハラアジサシ　学名 *Chlidonias hybrida*

P190

夏羽。　2005年5月22日

チドリ目　カモメ科

ハジロクロハラアジサシ　学名 *Chlidonias leucopterus*

P190

夏羽。　2003年5月10日

タカ目　ミサゴ科

ミサゴ

学名　*Pandion haliaetus*

P191

2003年12月29日

2004年1月25日

タカ目　タカ科

ハチクマ

学名　*Pernis ptilorhynchus*

P191

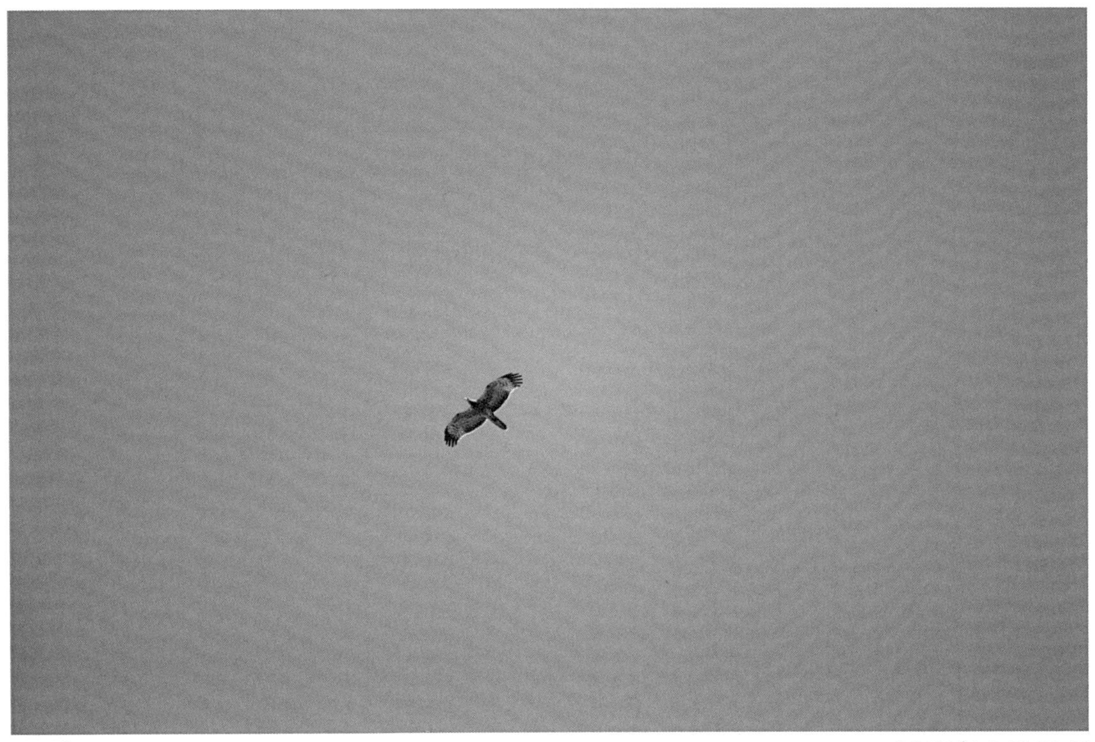

西へ渡る。　2007年9月20日

タカ目　タカ科

トビ

学名　*Milvus migrans*

P191

1986年2月23日

タカ目　タカ科

オジロワシ

学名　*Haliaeetus albicilla*

P191

若鳥。　2018 年 12 月 30 日

坂東大橋右岸上流約 2 ㎞。
（埼玉県本庄市新井地先。西からの強風に逆らい、翼をすぼめている）　2019 年 1 月 22 日

タカ目　タカ科

チュウヒ　学名 *Circus spilonotus*

P192

2005年2月27日

タカ目　タカ科

ハイイロチュウヒ　学名 *Circus cyaneus*

P192

雄。　2002年11月28日

タカ目　タカ科

ツミ

学名　*Accipiter gularis*

P192

2009年9月13日

タカ目　タカ科

ハイタカ

学名　*Accipiter nisus*

P192

2011年3月20日

タカ目　タカ科

オオタカ

学名　*Accipiter gentilis*

P193

幼鳥。
1990 年 11 月 11 日

タカ目　タカ科

サシバ

学名　*Butastur indicus*

P193

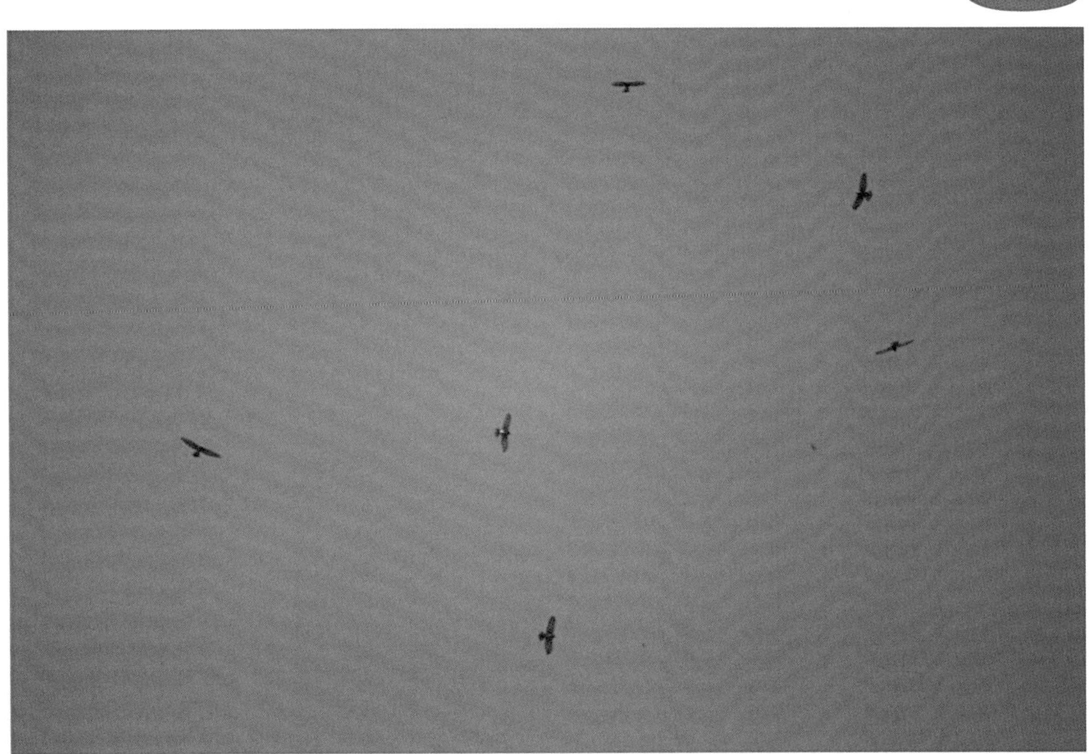

河川敷上空で上昇気流を捉える。　2003 年 9 月 23 日

タカ目　タカ科

ノスリ

学名　*Buteo buteo*

P193

1998年1月25日

タカ目　タカ科

ケアシノスリ

学名　*Buteo lagopus*

P193

1997年1月26日

フクロウ目　フクロウ科

コミミズク

学名　*Asio flammeus*

P194

1991年11月2日

サイチョウ目　ヤツガシラ科

ヤツガシラ

学名　*Upupa epops*

P194

坂東大橋右岸上流約１ｋｍ。

1998年4月18日

ブッポウソウ目　カワセミ科

カワセミ

学名　*Alcedo atthis*

P194

雄。　2013年12月14日

ブッポウソウ目　カワセミ科

ヤマセミ

学名　*Megaceryle lugubris*

P194

雄・雌のペア。　1994年6月11日

キツツキ目　キツツキ科

アリスイ

学名 *Jynx torquilla*

P195

2008年3月23日

キツツキ目　キツツキ科

コゲラ

学名 *Dendrocopos kizuki*

P195

2019年3月17日

キツツキ目　キツツキ科

アカゲラ

学名 *Dendrocopos major*

P195

1992年10月23日

キツツキ目　キツツキ科

アオゲラ

学名 *Picus awokera*

P195

雄。

1990年2月12日

ハヤブサ目　ハヤブサ科

チョウゲンボウ　　学名　*Falco tinnunculus*

P196

雄。　2000 年 12 月 9 日

ハヤブサ目　ハヤブサ科

コチョウゲンボウ　　学名　*Falco columbarius*

P196

雄。　2005 年 2 月 12 日

ハヤブサ目　ハヤブサ科

ハヤブサ

学名　*Falco peregrinus*

P196

成鳥。　2010 年 2 月 14 日

スズメ目　オウチュウ科

オウチュウ

学名　*Dicrurus macrocercus*

P197

上武大橋右岸下流約 800 m。　2007 年 6 月 10 日

スズメ目　モズ科

モズ

学名　*Lanius bucephalus*

P197

雄。
1992年11月21日

スズメ目　モズ科

セアカモズ

学名　*Lanius collurio*

P197

埼玉県深谷市石塚地先。（新上武大橋右岸下流約 600 m）　2017年12月21日

スズメ目　モズ科

セアカモズ

学名　*Lanius collurio*

P197

前ページと同一個体。　2017年12月21日

上と同一個体。　2018年1月15日

スズメ目　モズ科

オオカラモズ

学名　*Lanius sphenocercus*

P197

2003年2月15日

スズメ目　カラス科

カケス

学名　*Garrulus glandarius*

P198

北への移動途中立ち寄る。　2005年4月17日

スズメ目　カラス科

オナガ

学名　*Cyanopica cyanus*

P198

1998年4月29日

スズメ目　カラス科

ハシボソガラス

学名　*Corvus corone*

P198

1999年11月3日

スズメ目　カラス科

ハシブトガラス

学名　*Corvus macrorhynchos*

P198

1986年11月2日

スズメ目　ツリスガラ科

ツリスガラ

学名　*Remiz pendulinus*

P199

1997年1月3日

スズメ目　シジュウカラ科

ヤマガラ

学名　*Poecile varius*

P199

南への移動途中クルミの木に。

2001 年 9 月 25 日

スズメ目　シジュウカラ科

シジュウカラ

学名　*Parus minor*

P200

1988 年 4 月 20 日

スズメ目　ヒバリ科

ヒバリ

学名　*Alauda arvensis*

P200

1997年6月1日

スズメ目　ツバメ科

ショウドウツバメ

学名　*Riparia riparia*

P200

日差しで熱せられた右岸堤防の天端（てんば）に降りる。　1996年9月19日

スズメ目　ツバメ科

ショウドウツバメ　学名 *Riparia riparia*

P200

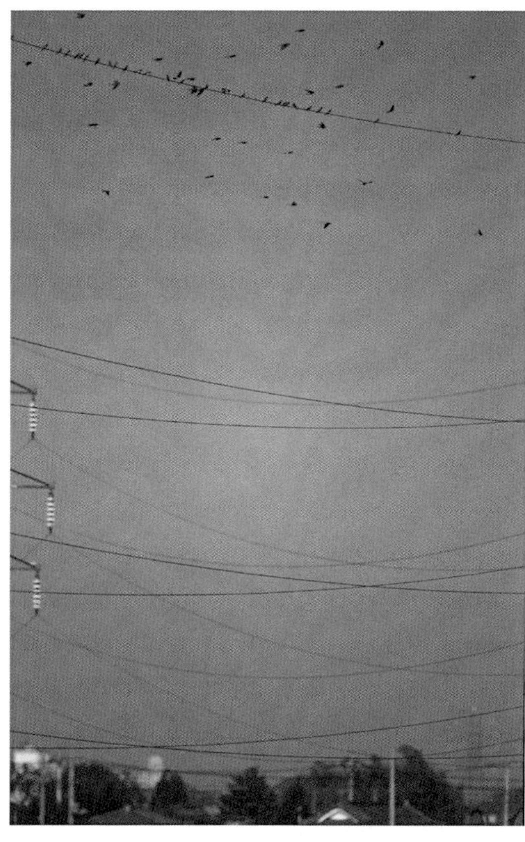

右岸堤防沿いの送電線に休む。
1997年8月10日

スズメ目　ツバメ科

ツバメ　学名 *Hirundo rustica*

P200

巣立ちした幼鳥を連れ河川敷に。　1999年6月9日

スズメ目　ツバメ科

コシアカツバメ

学名　*Hirundo daurica*

P201

2017年5月26日

スズメ目　ツバメ科

イワツバメ

学名　*Delichon dasypus*

P201

埼玉県本庄市久々宇。（右岸堤防南 50m）

2018年6月23日

スズメ目　ヒヨドリ科

ヒヨドリ

学名 *Hypsipetes amaurotis*

P201

2015年4月18日

スズメ目　ウグイス科

ウグイス

学名 *Cettia diphone*

P201

枯草の先でさえずる。

2011年4月30日

スズメ目　エナガ科

エナガ

学名　*Aegithalos caudatus*

P202

ニセアカシアの林で餌を探す。　2015年6月5日

スズメ目　メジロ科

メジロ

学名　*Zosterops japonicus*

P202

2009年3月7日

スズメ目　ヨシキリ科

オオヨシキリ

学名　*Acrocephalus orientalis*

P203

1989年5月21日

スズメ目　ヨシキリ科

コヨシキリ

学名　*Acrocephalus bistrigiceps*

P203

1988年6月5日

スズメ目　セッカ科

セッカ

学名　*Cisticola juncidis*

P203

1998年6月6日

スズメ目　レンジャク科

ヒレンジャク

学名　*Bombycilla japonica*

P203

2013年4月11日

スズメ目　ムクドリ科
ムクドリ
学名　*Spodiopsar cineraceus*

P204

1999 年 4 月 18 日

スズメ目　ムクドリ科
コムクドリ
学名　*Agropsar philippensis*

P204

雄。　1988 年 4 月 20 日

スズメ目　ヒタキ科

ツグミ

学名 *Turdus naumanni*

P204

亜種ツグミ。 2001年12月31日

ハチジョウツグミ

学名 *T.n. naumanni*

P205

亜種ハチジョウツグミ。 1996年3月9日

スズメ目　ヒタキ科
ノゴマ
学名 *Luscinia calliope*

P205

雌。 1984 年 9 月 30 日

スズメ目　ヒタキ科
ジョウビタキ
学名 *Phoenicurus auroreus*

P205

雌。後ろからの風に羽毛が逆立つ。 2002 年 11 月 30 日

スズメ目　ヒタキ科
ノビタキ
学名　*Saxicola torquatus*

P205

2005年1月9日

スズメ目　ヒタキ科
エゾビタキ
学名　*Muscicapa griseisticta*

P206

南への渡り途中立ち寄る。

2009年9月20日

スズメ目　ヒタキ科

コサメビタキ

学名 *Muscicapa dauurica*

P206

南への渡り途中クルミの木に。 2019年10月8日

スズメ目　スズメ科

スズメ

学名 *Passer montanus*

P206

2007年1月28日

スズメ目　セキレイ科
キセキレイ
学名　*Motacilla cinerea*

P207

2013年11月20日

スズメ目　セキレイ科
ハクセキレイ
学名　*Motacilla alba*

P207

1999年10月9日

スズメ目　セキレイ科

セグロセキレイ

学名　*Motacilla grandis*

P207

2013 年 11 月 27 日

スズメ目　セキレイ科

タヒバリ

学名　*Anthus rubescens*

P207

1999 年 1 月 17 日

スズメ目　アトリ科

アトリ

学名 *Fringilla montifringilla*

P208

2007年1月28日

スズメ目　アトリ科

カワラヒワ

学名 *Chloris sinica*

P208

2014年4月24日

スズメ目　アトリ科

マヒワ

学名　*Carduelis spinus*

P208

1996年11月4日

群れ。　1996年11月10日

スズメ目　アトリ科

ベニマシコ

学名　*Uragus sibiricus*

P208

雄。　2003年1月12日

スズメ目　アトリ科

シメ

学名　*Coccothraustes coccothraustes*

P209

2006年3月21日

スズメ目　ホオジロ科

ホオジロ

学名　*Emberiza cioides*

P209

雄。　2002年4月14日

スズメ目　ホオジロ科

ホオアカ

学名　*Emberiza fucata*

P209

2002年1月2日

スズメ目　ホオジロ科

コホオアカ

学名 *Emberiza pusilla*

P209

2002年1月14日

スズメ目　ホオジロ科

カシラダカ

学名 *Emberiza rustica*

P210

夏羽。

1997年4月12日

スズメ目　ホオジロ科

ノジコ

学名　*Emberiza sulphurata*

P210

南への渡り途中クルミの木へ。　1991 年 10 月 19 日

スズメ目　ホオジロ科

アオジ

学名　*Emberiza spodocephala*

P210

雄。　2003 年 12 月 31 日

スズメ目　ホオジロ科

コジュリン

学名　*Emberiza yessoensis*

P210

冬羽。　2001年12月22日

スズメ目　ホオジロ科

オオジュリン

学名　*Emberiza schoeniclus*

P211

1996年2月25日

解説編

撮影時の概要や近況など

ウズラ

ウズラは草間を潜行することが多く、その姿はなかなか見られない。それでもじっとしていると、あたりの様子をうかがいながら開けた場所にも出て来ることがある。

写真は堤防の法面から出て来たところで、当時砕石が敷き詰められていた天端も今は舗装されたサイクリングロードになってしまい、車での通行はできなくなってしまった。

1980年代までは、河川敷のあちらこちらから声が聞かれたものだが、90年代以降は声が聞かれるのもまれになってしまった。（写真編 P20）

マガン

7日（土）夕方からの雪は15cmほど積り、晴れた翌日、当地ではめったに見られない「月に雁」ならぬ「雪に雁」の写真を撮ることができた。（写真編 P21）

コブハクチョウ

コブハクチョウは各地で飼育されたものがかご抜けし、中には繁殖しているものもいる。野鳥とは言い難いが、人馴れしていないので掲載した。

オオハクチョウ

オオハクチョウはコハクチョウに比べ日本でも北の地方に留まる傾向が強く、利根川で見られる数・回数ともにコハクチョウに比べて少ない。

ツクシガモ

半年ぶりにまたツクシガモに会えた。前回5月の観察は繁殖期であったためか短い滞在であったが、越冬期のこの時は翌年の1月下旬まで見られた。（写真編 P23）

オシドリ

オシドリが見られるのはまれである。なぜならば、好物はシイ・カシなどの木の実で、それらを望むことのできない当地では、おおむね数日の滞在となる。

オカヨシガモ

初認日が1990年代までは11月初旬であったが、2000年代以降は遅れぎみになり、10年代以降は12月にずれ込むこともでてきた。

ヨシガモ

ヨシガモは奥目である。目の周りも黒や濃い緑で、目になかなかキャッチライトが当たってくれない。

ヒドリガモ

1975 年 10 月 23 日、「長沼」の前に見られるカルガモ、マガモ、コガモなど 9 種全600 羽ほどのカモのうち、4 割超がヒドリガモで最優占種であったが、2000 年代以降は数、見る機会とも減っている。

アメリカヒドリ

名前のとおりアメリカ大陸産の鳥であるが、同じようにアメリカがつくアメリカコガモが亜種であるのに対し、アメリカヒドリは種である。冬、日本にやって来るユーラシア大陸産のヒドリガモとは別種となる。

マガモ

今でこそマガモは普通に見られるが、かつては少なく、1975 年 10 月 23 日の観察では、全 600 羽ほどの中にたった 18 羽の記録があるにすぎない。

シマアジ

当地に限らず日本で見られるカモの多くは冬鳥、留鳥だが、このシマアジだけは例外だ。日本には春と秋に立ち寄るだけで、北へ、南へと旅立ってしまう。そのため滞在期間も短く、写真に収めるチャンスはその日だけで、数も少なく近くで撮れる機会はほとんどない。（過去 7 回観察しているが、3 羽以上いたことはない）

トモエガモ

トモエガモの越冬地は日本海側に多く、太平洋側では少ないとされている。94 年 12 月 17 日は雌雄合わせて 20 羽ほどが見られたが、それが私の見た当地における最大羽数である。

コガモ、アメリカコガモ

北半球の全域に分布するコガモも、地理的要因により形態的な違いが認められる場合、「種」としてのコガモをさらに「亜種」に分けることがある。（亜種の例は、ダイサギ、ツグミなどでも見られる）

そこで、日本で普通に見られるのは「亜種コガモ」、アメリカ産のは「亜種アメリカコガモ」と呼んで区別している。

アメリカコガモ雄の特徴は、コガモに見られない胸側の白い縦線で、注意して見ると遠方からでもよく目につく。（写真編 P30）

ホシハジロ

この日はスズガモに続いてホシハジロも撮ることができた。

頭を背中に入れ目を閉じて休んでいるが、時々目を開く。また、足は流れに逆らうように小刻みに動かしていた。(写真編 P30)

スズガモ

中州のヨシ原南岸に設置したブラインドにこもり 1 時間、「ザー…」と羽音がして少し上手に何かが降りる。

緩やかな流れに身をまかせて下って来たのはスズガモだった。(写真編 P32)

シノリガモ

冬鳥のシノリガモが見られるのは、岩礁のある海岸で、内陸ではほとんど見ることはできないが、繁殖は、本州中部以北の内陸山間地で少数が知られている。

英名は Harlequin Duck。雌では見られない雄成鳥の顔に現れたその「道化師」ぶりをいつかは見てみたいものだ。

クロガモ

クロガモとシノリガモの越冬期における生息域は主に海岸で、内陸で見られることはまれである。

日付を見てもわかるとおり、両種は同じシーズンで間をおかずに見られている。偶然なのか、それともこのころ海岸に何か異変でもあったのか。

ホオジロガモ

小群で潜水しながら採餌していた彼らも危険を察知すると、少し助走しながら一斉に飛び上がる。その時「プルルルル……」と翼動に伴う小気味よい連続音を響かせる。

ミコアイサ

雄のミコアイサを近くで撮りたいとかねがね思っていたが、警戒心の強いカモの仲間で、加えて止水域のない当地ではただでさえじっとしていないで流れ下ってしまう。

岸辺に篠竹などで入念にブラインドを作り中にこもる。すき間から出ているレンズの振れ幅は 90 度にも満たないが、その範囲に入って来るのをひたすら待つ。(写真編 P34)

アカエリカイツブリ

潜水、浮上を繰り返すもなかなか目の前に出てくれない。やはりブラインドなしでは無理かと思っていると、上流からカヌーが下って来た。それに背を向け潜水した後に浮上した時は、今まででいちばん近い所に顔を出してくれた。(写真編 P36)

キジバト

何もなかったころの悪ガキの遊びのひとつは、鳥の巣を見つけることだった。そんな時に見つけた巣に、ほとんど丸裸で細い 10mm たらずの黄色い毛におおわれたヒナが、じっとうずくまっていたことがあった。

それほど身近なキジバトだから、利根川へ鳥の観察に通うようになっても特に注意を払うこともなかった。

時代とともに生活様式も変化し、人家の周りから樹木が減り、新築住宅の庭に木を植えることも少なくなった昨今、河川敷に樹木が多くなってきたことは、キジバトにとってはそれらを補うことになっているように思う。

オオハム

潜水して魚を捕る鳥にカワウ、カワアイサ、カイツブリなどがいる。それらの鳥に比べオオハムは断然捕獲がうまく、ある日など 1 時間も経たないうちに、6 匹も捕まえたことがある。また、比較的警戒心が少なく、岸辺でじっと観察していると伸び上がっての羽ばたきや、でんぐり返し羽繕いなど見せてくれる。(写真編 P38)

オオミズナギドリ

台風による被害が出ては困るが、バードウオッチャーには普段見られない海鳥の出現に期待が高まる。

9 日から 10 日にかけ台風 22 号が伊豆半島から房総に抜けたため、台風に巻き込まれ内陸にまで来たものだ。(写真編 P38)

ナベコウ

河川敷に取り残された池の端に 11 月 25 日(日)1 時間かけてヨシでブラインドを作り、ザリガニも 10 匹放す。「これで 10m の距離で撮れるぞ」と皮算用。あとは次の休日を待つばかり。

が、30 日（金）季節はずれの台風 28 号上陸による増水で、翌 1 日池は濁流に飲み込まれ完全に水没。撮れず。ちなみに、戦後いちばん遅い上陸台風とのことだった。(2019 年現在もこの記録は破られていない)

コウノトリ

初めて手にした『鳥類の図鑑』の写真のページにコウノトリが解説と共に紹介されている。それは「兵庫県豊岡のあたりに 12 羽、(中略) 全部で 17 羽 (1961 年現在) という心ぼそい状態…」と記されていて、これら野生のコウノトリは、1971 年絶えてしまう。

それからおよそ 50 年、人工繁殖による野生復帰とはいえコウノトリの姿が見られることは、感慨深いものがある。

2018年8月から県下でも何ヶ所かで観察され（同時に2羽のところも）、いずれも千葉県野田市で放鳥されたものと思われる。本個体は、右足に黄色（上）、青色（下）、左足に青色（上）、赤色（下）のカラーリングを付けていた。（写真編P39）

カワウ

初めてカワウを見たのは82年8月だった。それは川面に休むカルガモも同じだったようで、1羽のカワウが現れるやカモは逃げ出し、カワウが着水した後は遠巻きに眺めているのが何ともこっけいで、きっと黒くて大きな水鳥を見たのは初めてだったのだろう。

今でこそ普通に見られるようになったが、その大進出（入）の前兆は、88年3月6日のことで、岸辺にいると何やら東の地平線がおかしい、グラグラ揺れてると思ったのは鳥の飛び立った群れで、数百羽が上流へ飛ぶ姿は、まさに壮観であった。ほどなくして今度は少し高いところを下って来た。なるべく重ならないように写真に撮り、後で数えてみたら436羽であった。

ヨシゴイ

他のサギ科の鳥が樹木に営巣するのと異なり、ヨシゴイは水辺のヨシやガマの繁茂した中にする。餌場もその周辺で、他のサギと違い遠くまで出かけることはないと思う。

そんな止水域はまた格好の釣り場で、そこには終日人の絶えることがなく、ヨシゴイに安住の地は少ない。

ゴイサギ

観察区域内で繁殖したことはないが、90年代までは、5月になると岸辺の波消しブロックやヤナギにじっとたたずみ､獲物を狙う成鳥の姿があった。おそらく上流の「群馬の森」（高崎市）あたりから遠征して来たのだろう。

それが2000年代に入ると、コサギと同じように姿を見る機会が減ってきた。それは何か繁殖地に変化があったのだと思う。

ササゴイ

広く浅い水たまりの所に流れもあり、それが格好の餌場だったようで、珍しくササゴイが2羽来ていた。今までの観察はいつもその時だけで、写真を撮る機会はなかったが、この時は続けて見られるので、近くのヨシ原に7時半に潜り込んで待ってみた。

2時間半ほどしてようやく来てくれたが、こちらに気づいたようで「飛んでしまうか」と心配したが、警戒の声を発しながらも目の前を歩いてくれた。（写真編P41）

アカガシラサギ

左岸の岸辺でマガンの飛ぶのを待っていると、目線の高さを下手より飛んで来た。その飛び方は全くヨシゴイに似ている。中州の岸にいるコサギの近くに降りたので、急いで向こう岸へ回る。

本流から取り残された池の所で餌を探していた。（写真編 P42）

アマサギ

以前は河原（高水敷）に牛を放牧している農家があった（放牧は、94年ごろまで続いていた）。そんな牛の周りには、時期になると決まってアマサギが見られた。牛の体に付くハエや草をはむその動きに驚いて飛び出すバッタなどを捕るためだ。

牛の見られなくなった高水敷には雑草が高く生い茂り、アマサギの降りる所はなくなってしまった。

アオサギ

他のサギ科の鳥を見る機会が少なくなる中、アオサギだけは勢力を拡大している。観察区域外になるが、堤防脇の高いケヤキなどで繁殖している姿が見られる。

ダイサギ

アメリカコガモのところで亜種についてふれたが、ダイサギも亜種ダイサギ、亜種チュウダイサギがいる。でも両亜種を私は区別していない。それは鳥の特徴が最も現れる羽衣に違いが見られないため、区別しようという意識が起きにくかったためだ。

両亜種の違いは大きさのほか足の色が異なるそうで、機会があったら注視してみたいと思う。

チュウサギ

大・中・小３種のサギの中では、このチュウサギが最も水辺に依存する割合が低いように思う。どちらかというと、休耕田やあぜ道などの草地で昆虫を捕る姿を見かけるのが一般的で、ほかのサギの餌が主に魚であるのと異なっている。

コサギ

利根川に水があり、餌となる魚がいるにもかかわらず、これほどコサギが見られなくなるとは思いもよらなかった。その傾向は、2000年代初頭から現れ、近年は一年を通じて全く記録されない年もでてきた。（図表 P176）

クロツラヘラサギ

クロツラヘラサギを見てまず思ったのは「遠くて300mmではだめだ」ということだった。で、600mmで初めて撮ったのがこの鳥だ。

そして、2ヶ月以上撮る機会があったのにもかかわらず、「こんな写真しかなかったのか」

と写真を見るたびに落胆するのもこの鳥だ。（写真編 P45）

ナベヅル

ナベヅルはどちらかと言えば河川敷より田園地帯が似合う鳥だ。右岸堤防南にある稲刈り後の田が耕起され、その稲株をどけ餌（クモのようだった）を捕っていることが多かったが、何か危険を感じると河川敷に避難していた。
（2014 年 12 月には、ここから南東へ 4km の埼玉県深谷市岡部の田園地帯で、本種の成鳥 1 羽を観察・撮影した）

ヒクイナ

備前渠から分かれた流れにヒクイナが 2 羽いた。近くにヒナでもいるのか、こちらの気を引こうとちょこちょこ動き回っている。これは見過ごす手はないと、何の用意もしてないが水路端に腰をおろし準備する。その間も盛んに鳴き、離れる気配はない。

準備を始めてものの 10 分、ブラインドなしで簡単に撮れてしまった。と同時にヒナが安全な場所に移動したのか、あっさり親も草の間に姿を消してしまい、二度と出て来ることはなかった。

初夏の風物詩として、唱歌「夏はきぬ」でも親しまれたヒクイナだが、その声が聞かれたのも 80 年代までで、以降は全く聞かれなくなってしまった。（写真編 P46）

オオバン

オオバンを初めて見たのは、1988 年だった。本流につながった大きな湾入状の止水域（「釣り堀」）には、休日には多くの人が釣り糸を垂れていて、オオバンもさほど人を警戒する風もなく、対岸で餌を捕っていた。

その後ずっと見られなかったが、2004 年に再び見られるようになってからは、冬期定期的に観察されるようになった。

カッコウ

カッコウの図表（P178）を見ると、30 年以上夏期の間の観察に変化は見られないが、近年のその個体数は、極端に少ない。じっと耳を澄ましていても二方向から声が聞こえることは、滅法少なくなってしまった。抱卵・育雛をまかせる仮親のオオヨシキリの影響があるのだろうか。

ハリオアマツバメ

アマツバメと違い、ハリオアマツバメが見られる機会はほとんどない。

午後、東京方面に暗雲が立ち込めるも、「島村の渡し」では晴れて乾いた北風が吹きすさぶ中、数十羽のハリオアマツバメが高速で飛び回り餌を捕っていた。

この日の特異な気象状況がもたらした僥倖（ぎょうこう）であった。（写真編 P48）

アマツバメ

その数と機会は少なくないのだが、高速で飛び回るアマツバメは難敵だ。「下手な鉄砲も数撃ちゃ当たる」と言うが、アナログカメラでは当たることはほとんどなく、何十カットゴミ箱へ行ったことか。ついには根負けし諦めてしまう。

タゲリ

名前のとおり（刈り取りの終わった）田などでも見られるが、このような立派な冠羽を持つ鳥は他になく、あまり野鳥を見慣れていない人が見ると、その姿は「とんでもなく珍しい鳥がいた」と思うのもやむを得ない気がする。

ダイゼン

ダイゼンはムナグロに似ている。でも飛んだ時に見える腰の白さが目立ち、また、下面側は翼の付け根が黒く、これもムナグロにない特徴だ。

ハジロコチドリ

メダイチドリやトウネンがいる所に、1 羽足のだいぶ黄色っぽいチドリがいて、どうも何か違う感じだ。「ハジロコチでは」と車中から 2 時間くらい観察する。自分の縄張りがあるのか、イカルチドリの幼鳥が来ると追い立てる。

やはり翼に白帯が出て、ハジロコチドリであった。（写真編 P51）

イカルチドリ

鳥の生活は、簡単に言えば「食べることと休むこと」で時期がくると繁殖（縄張りの確保、産卵、抱卵、育雛）が加わり、親鳥はそこそこ忙しいことになる。でも、孵化したチドリのヒナは、数時間で歩けるようになり、巣から離れ自身で餌を採るため、親からの給餌はない。

その点、巣立ちするまで（しても）給餌するスズメなどに比べ、育雛の手間はかからないように思う。（親は近くで見守っていて、雨の日などはヒナを寒さから守ったり、危険が迫ると鳴いて知らせたりはする）

繁殖を終え、秋になるとイカルチドリは小さな群れをつくり越冬する。11 月下旬、中州の端に広がる砂礫地に 12 羽ほどのイカルチドリの群れがいた。どのように過ごしているのか、ある日の朝 6 時（日の出は 6 時 35 分）から 14 時 30 分（日の入りは 16 時 30 分）まで観察してみた。

その結果「食べること」は驚くほど少なく、延時間で 1 時間にも満たず、あとはひたすら「休むこと」ばかりで、その間私にすることは何もなく、その観察は退屈の一語に尽きるものだった。

コチドリ

コアジサシの繁殖しない年、コチドリなど同じ砂礫地で繁殖する鳥は難儀する。賢く、しつこいカラスにたいがい卵を見つけられ、繁殖に失敗する。

ある年などは、どこで卵を抱いているのか全くわからなかった。ところが、カラスの難から逃れたようで、いつの間にかヒナが見られた。

用心棒のコアジサシが繁殖する年は、喧騒に便乗（？）し、多くのチドリとイソシギが同じ場所で繁殖する。

セイタカシギ

鳥見を始めた1970年代初頭のころセイタカシギは珍鳥であった。『原色日本鳥類図鑑』にも「我国には迷鳥としてまれに渡来する」と書かれていて、我々同好者にとって一度は見てみたい憧れの鳥であった。

その図鑑のセイタカシギのところを開くと、「46，9，29 新浜（しんはま）」とある。1971年サークルの探鳥会での記録だ。当時観察ノートはとっていなかったので、記憶だけになるが、先輩から「セイタカシギが入っているよ」と言われ、のぞいたプロミナー（望遠鏡）だったが、25倍をもってしても干潟のはるかかなた、陽炎に揺れ実感のわかない初見であった。

時を経た今では国内でも繁殖していて、普通に見られる鳥となった。

オオソリハシシギ

下流へ行った鳥仲間から「上武（大橋）の下にオグロシギがいるよ」と連絡がくる。

広く開けた岸辺にいて、石の下に嘴を入れては時々何か貝（モノアラガイ？）のようなものを食べていた。一見オグロシギに似ているが、尾に黒いところのないオオソリハシシギであった。

尾の黒色の有無だが、それは餌を探しているくらいの動作では確認できない。そこは羽繕いをしたり、飛ぶまでじっと待つしかない。（写真編 P55）

チュウシャクシギ

上空から変な声がして、そちらを見ると3羽の鳥が上流へ飛び、中州へ降りるのが見えた。行ってみるとチュウシャクシギで、餌がないのかほどなくしてこちら岸へ来る。鳥仲間と二人で身を屈め、鳥からは丸見えのまま近づくと、意外にも20mくらいまで寄せてくれ、シャッターを切るのに夢中になってしまい、変な声のことなどすっかり忘れてしまった。

変な声とは、チュウシャクシギのそれとは全く異なり「クィーヨ、クィーヨ」と2節で、その主は別な所に降りたのか、それとも空耳だったのか。（写真編 P55）

ホウロクシギ

鳥仲間から連絡を受け坂東大橋の上手へ行く。浅瀬の石やまばらに生えた草の根元に嘴を差し込み何か捕っている。そのうち飛んで橋を越えすぐ下手に降りる。

右岸側からでは遠くてらちがあかず、午後左岸側から接近する。そこは低水路の端から川の中央付近まで地続きの河原が続き、タイヤが埋まらないギリギリの突端付近で待つ。じっとしていると逆光の中、少しずつ近づいて来てくれた。(写真編 P56)

ツルシギ

左岸堤防脇のソメイヨシノは一分咲といったところか。午後、鳥仲間から「アカアシシギか何かがいるよ」と連絡がくる。岸辺で餌を捕っていて、有難いことに車で近寄れる。

体全体が地味な冬羽でも足が赤いと誰でも「すわ、アカアシシギか」と期待もまじって思ってしまうが、ツルシギであった。(写真編 P56)

でもこれまで満足な写真が撮れていなかったので、これはこれで感謝、感謝であった。

上記の他に春期 4 回、計 11 羽のツルシギを観察していて、確認できなかった 5 羽を除き残り 6 羽は、全てまだ冬羽だった。

ひと目で見間違えることのない全身が黒い夏羽を見たのは、観察区域外で見た一度だけで、その時の写真は、P156「5　夏羽の 1 枚（ツルシギ)」参照。

アオアシシギ

総じてシギの鳴き声は 1 節で単調なものが多い。その中にあってアオアシシギは、3 節の特徴ある声で他種と誤ることがない。炎天下の河原、上空から聞こえるその声は、秋の訪れまであとわずかなことを教えてくれる。

クサシギ

多くのシギは日本より北の地域で繁殖し、日本より南の地域で越冬するため、見られるのは両地域を移動する春と秋の渡りの時期に限られる。

そんな中でクサシギは日本で冬を過ごす数少ないシギの仲間だ。河原の石に溶け込むような地味な色合いだが、危険を感じて飛び立つ時などその声で存在が知れる。

タカブシギ

タカブシギを見る機会は減ってしまったが、1977 年 7 月 23 日、前年に砂利採取した跡地は草が一面に茂り、所々に水たまりがあった。そこにこの日シギ・チドリが 70 羽ほど見られ、うち 47 羽がタカブシギだった。

イソシギ

多くのシギの中で日本の平野部（河川敷など）で繁殖する唯一のシギである。

キョウジョシギ

キアシシギ 20 羽ほどに 1 羽交じっていた。英名 Ruddy　Turnstone のとおり、石やゴミの下に嘴を差し込み、それらをひっくり返して餌を探す。

そのため石ころだらけの所にいることが多く、勢い写真の背景はうるさくなる。この時は、砂利採取のために少し高く造成された通路の端を登って来てくれて、背景がきれいに抜けた。（写真編 P60）

トウネン

シギの仲間の体色は、地味な白・黒・茶系を基本としたものが多い。また、幼・冬羽と夏羽で大きく変化するものも少なく、せいぜい夏羽になると黒の模様が濃くなる程度で、それ以外ではこのトウネンのように首の周り、背中などに赤褐色味が出るくらいである。

それでも地味な冬羽や幼羽ばかりが念頭にあると、夏羽は「はっ」とする色合いではある。

オジロトウネン

本種とトウネン、ヒバリシギは内陸の河川敷や休耕田に同じ時期に見られ、大きさも同じで見始めたころは、種の同定に迷うが鳴き声は全く異なる。それでこの 3 種の識別には、耳も澄ませていることになる。

ヒバリシギ

ヒバリシギには秋まだ遠い盛夏の印象が強い。何とか写真に撮りたいと早朝の涼しいうちから草間に隠れ何度か試みたが、警戒心も強く、果たすことができないでいた。

そんなヒバリシギがこの日は運良く車で近づける所にいて、小雨模様の天気のせいなのか、同種とは思われないほど落ち着いていて、至近で撮ることができた。（写真編 P61）

ウズラシギ

砂利採取は場所を変えほぼ毎年行われていて「観察ノート」を見ると、1983 年から 2019 年の 37 年間で砂利採取の記載がないのは、83、97、00、05、11、15、16 年の 7 年である。

そしてそこは時に恵みをもたらしてくれる。わずかに水が入った採取跡地は、シギやチドリの格好の餌場で、まばらに生えた緑が初夏の季節に彩りを添える。そして「これは秋の渡りが楽しみだぞ」と思いをはせるが、水分が多いため見る間に緑が広がり、盛夏までには、タデ、イヌビエ、カヤツリグサ等に覆い尽くされてしまい、彼らの降りる余地はなくなってしまう。

サルハマシギ

サルハマシギのサルは猿とあてる。それは夏羽になって顔の周りに現れる赤褐色が、ちょうどサルの赤ら顔を連想させるためだ。

一方秋に見られる冬羽や幼鳥には赤味は見られない。そんなサルハマシギを初めて見たのは、1976年8月22日だった。そこは本流から隔絶された伏流水のみによってできた「しじみ池」で、岸辺の砂泥地にトウネンと一緒にシギがいた。望遠鏡で見ると、どうもただのハマシギではない。腹が全く綺麗で、胸のあたりは少し褐色がかり、尾羽よりも翼のほうがわずかに長い。「これはサルハマではないか」と草間に望遠鏡を隠し、大急ぎでカメラを取りに自転車で家に取って返す。

その間、家までの道のりが遠いこと遠いこと。「いてくれよ、いてくれよ」と祈りながらひたすらペダルをこぐ。（気持ちとは裏腹に、往復30分くらいしかかからないのだが）

カメラと三脚を持ち岸辺を見ると、いたいた。一度向こう岸に飛んでしまったが、ヒエの間に隠れていると、気に入った場所なのかまた戻って来て餌を採りだす。300mmの望遠レンズだったが、7～8mの距離で撮ることができた。

その池にはシジミも生息していていい環境だったが、水量の減少に伴い伏流水も途絶え乾燥化し、2013年には消滅してしまった。

その時の写真は、P155「3　祈りの通じた1枚（サルハマシギ）」参照。

ハマシギ

ハマシギは秋にやって来て集団で生活し、繁殖地（ユーラシア大陸の北極海沿岸）へ向かう春先まで日本で過ごす。

観察ノートの数の記録をみると、1980年代半ばから、2000年代の初めまではほぼ毎年70～200羽が見られたが、以降は多くても十数羽になってしまった。（写真編 P63）

エリマキシギ

鳥の名前は、その色や姿の特徴をとらえ名づけているのが多い。エリマキシギの雄は繁殖期を迎える春、首の周りにあたかも襟巻をしたような飾り羽が生ずるが、それが国内で見られることは少ない。

秋、日本に渡って来た時には冬に向かうのにもかかわらず、襟巻きのない姿になってしまっている。

ハイイロヒレアシシギ

このハイイロヒレアシシギ（表紙の写真参照）を見たのは、前回観察から25年が経過した小雨模様の日だった。待望の再会に胸の高鳴りは抑えがたく、ゆっくり車を近づける。そっと窓からレンズを出し、「飛ぶなよ、飛ぶなよ」と念じながら慎重にシャッターを切る。

写った姿は、私の持っている写真図鑑には載っていない冬羽で、その意味では宝物の一枚だ。

前回の観察については、P154「2　誤認した1枚（ハイイロヒレアシシギ）」参照。

ミツユビカモメ

雪解け水なのか、今年初めて水かさが増えている。東からの横殴りの雨で水面にも波頭が立つ中、ユリカモメ 40 羽ほどに交じり、4 羽のミツユビカモメがいた。

水面に浮かんでいる何か虫のようなものを流れに身をまかせながら採り、一定の場所まで下るとこちらまで飛んで来て着水し、また餌を採りだすという行動を繰り返していた。遠目にもユリカモメより白く、体も少し大きい。

当地は河口から 181km に位置し、この日は海（千葉県銚子方面）も荒れていて、一時的に避難したものと思われた。（写真編 P66）

ユリカモメ

ユリカモメは 90 年代半ばまでは、冬期にたいてい見られたが、以降は見られることが少なくなった。餌が競合するカワウの進出（入）が顕著になったのは、90 年代初めなので、その影響を受けたのだろうか。

カモメ

カモメを除きカモメと名の付くその仲間は、全て「○○カモメ」と名前が付けられている。カモメを観察した時に「カモメがいるよ」で間違いではないのだが、そこには「あれはユリカモメでなく、ウミネコでもなく、それらをちゃんと識別した結果、カモメがいるよと言っているのだよ」といったニュアンスが相手に伝わっていない懸念がある。

そこで、それを払拭するためにカモメにあえて○○を付けて呼ぶこがある。カモメは○○の付いていないただカモメなので、ちゃんと識別した結果を込めて「ただカモメ（がいるよ）」と呼んでいる。

シロカモメ

海岸で普通に見られる鳥が当地まで来るのは、曇天や雨の日が多いように思う。銚子あたりではまれではないのかも知れないが、このシロカモメが観察されたのも曇天の日であった。（写真編 P68）

セグロカモメ

90 年代の初めまではまれな鳥だったが、半ば以降は定期的に見られ、冬期の常連になった。

コシジロアジサシ

2000 年 2 月発行の『日本の鳥 550 水辺の鳥』（初版）のコシジロアジサシのページには、北海道で撮影された写真と共に、私が 1995 年 5 月 21 日当地で撮影した 2 枚の写真が載っている。それは、それまで国内でコシジロアジサシが撮影された機会が少なかったことを物語るが、図表のとおりそれ以降も何度も観察されている。図鑑などで「まれな旅鳥」とされているが、当地は日本国内でコシジロアジサシが最も観察された場所だと思う。
なお、図表（P189）に同好の仲間の観察は含まれていないので、実際の記録はもっと多くなる。

アジサシ

中州の下手で両側からの流れがぶつかり、ちょうど「潮目」のようなのができた所に小魚がいるようで、アジサシが飛び回るとあわてて逃げる小魚の波紋が見える。一度はポチャンと飛び込んで、くわえた魚を空中で器用にくわえ直して飲み込んだ。

ミサゴ

伐採したヤナギ4本を柱とし、梁も渡し3時間近く費やしヨシなどで入念にブラインドを作る。
翌朝8時ブラインドに入る。が、待てど暮らせど来ない。「簡単には撮らせてくれないな」と諦めかけた時、視野の片隅をよぎり目当ての流木に止まってくれたのは、12時少し前だった。（写真編 P72）

ハチクマ

図表（P191）のとおり1992年から記録されているが、サシバ同様意識して上空を観察し始めたのは、91年からなので、それ以前の記録がないのはやむを得ない。

トビ

初めて手にした『鳥類の図鑑』の「野山や町の留鳥」の挿絵は、スズメ、カラスなどと一緒にトビがそのマツの大木にある巣と共に描かれていた。モズやスズメ、ヒバリの巣くらいしか知らなかった私には、そもそもトビそのものを見てもいないので、それ以上の興味がわくことはなかった。
観察を始めて長らく利根川にそんな大木は望むべくもなかったが、水量の漸減は樹木の生長を促し、2018年大きく育ったヤナギに初めてトビが営巣し、遠い日に見た挿絵を目の当たりにすることができた。

オジロワシ

過去2回の観察はほんの十数秒で、じっくり撮ることはできなかったが、この時は一日見られ、中州の木にも止まってくれた。
年が明けた1月には、同個体と思われるものが坂東大橋から2kmほど上流の烏川との合流点付近に一週間あまり滞在してくれ、前に比べれば満足のいく写真を撮ることができた。
（写真編 P74）

ハイイロチュウヒ

地味な色合いの雌（雄若鳥も似る）に比べ美しい雄成鳥の見られる機会は少なく、雄のハイイロチュウヒは、バードウオッチャー憧れの鳥だ。

灰色の体に黒い風切りが空気を切り裂き滑翔する。（写真編 P75）

ツミ

ツミは昔に比べその生態が随分変化した鳥だ。『フィールドガイド日本の野鳥』（1982年）のその習性の項目には「全国の平地から低山の林で繁殖する」とある。

それが『日本の鳥 550 山野の鳥』（2000 年）になると、生息場所の項に「平地から山地の林。1980 年代半ばから、市街地の緑地や小さな林・公園などで繁殖するようになった」と変化してきた。

70 年代に顕在化した公害・環境問題は、自然保護の気運を高め、その結果都市に残されたわずかな緑地が保全され、新たに造成された都市公園においても植樹された木々が生長したため、ツミの生息に適したのだと言われている。

当地周辺においても寺社、公園などで繁殖が観察されてはいるものの、河川敷では、秋ハチクマ・サシバの渡りを観察していると、まれに見られるだけである。

サシバ

図表（P193）のとおり 1990 年以前にサシバの記録はない。これは意識して上空を見ることがなかったことによるもので、見ていれば無論観察できたはずである。

ノスリ

1984 年以前は見られてもその日だけのまれな鳥だったが、1986 年から越冬するようになり、冬期ならいつでも見られる全くの普通種になってしまった。

このことについては、P157「河川敷の移り変わりに伴う鳥の観察期間の変化について　2 ノスリ」参照。

ケアシノスリ

上武大橋から下流の新上武大橋にかけて利根川右岸沿いの高水敷と低水路は、当地に比べ肥沃（土砂の層が厚く、ネズミなどが住みやすい？）なのか畑地と草地が広がり、2002 年 12 月にもケアシノスリが見られた。

ヤツガシラ

堤防の芝地に嘴を差し込み幼虫を捕っていて、何か危険を察知すると近くのニセアカシアへツグミと共に避難していた。

翌年も芝地の状況は変わらず再会を期待したが一年限りであった。（写真編 P79）

カワセミ

カワセミは人気者だ。その色彩もさることながら、食べ物は小魚が中心で、捕獲の仕方も躍動感にあふれている。

初めてカワセミの撮影に挑戦したころは、岸辺に念入りに作ったヨシのブラインドにこもり、目当ての石一点にピントを合わせていた。

比較的河原を自由に通れるようになってからはそんな苦労はいらず、少し流れのよどんだ所に流木を差し出しておき、車の中で小一時間もしていればたいてい撮ることができる。

ヤマセミ

ヤマセミは名前のとおり平野部から奥に入った山間地の渓流の鳥で、平野部で見られることはあまりない。

この時はペアで営巣行動をとっていたが、雷雨時の増水により崖が崩落し失敗に終わってしまった。(写真編 P80)

コゲラ

この写真のように帰化植物のオオブタクサによく止まり餌を探す姿が見られる。他の 2 種のキツツキが 1990 年代の初めに見られたのに比べ、かなり遅い初見であった。(写真編 P81)

樹種に好みがあるのか、自宅付近でも学校の大きく生長したサクラの木では何度も見かけたことがある。

河川敷に樹木がずいぶん目立ってきたが、コゲラの好む木はないのかも知れない。

アカゲラ

アカゲラは 1990 年代初めから見られるようになり、以降、数や頻度はそれほど多くはないが、秋から春先にかけて定期的に観察されている。それは、河川敷に樹木が生育してきたことを物語っている。

アオゲラ

アカゲラ同様 1990 年代の初めから見られるようになったが、その頻度はアカゲラに比べ少なく、30 年間変化は見られない。おそらくアカゲラほど冬期になっても移動はしないのだろう。

チゴハヤブサ

チゴハヤブサを撮ったことはある。2005 年の秋にタカの渡りを観察していて撮ったものだ。でも「また撮れるだろう」とたかをくくっていて、ゴマ粒みたいな写真は処分してしまった。が、以降は撮れず。その時の写真は、かろうじて『野の鳥』第 273 号 P17 で見ることはできる。

ハヤブサ

ハヤブサは警戒心が強いと思い、初めて撮影に挑んだ時は、姿を見られぬよう日の出前の暗いうちにブラインドに入ったものだ。（それも厳冬期）

その後水量の減少に伴い、河川敷を広く移動できるようになってからは、車をブラインド替わりにし、割合苦もなく撮ることができるようになり、初めて撮った時の行い（全方向ヨシで覆ったブラインド設置、長靴で中州へ徒渉、用事は全てブラインド内で済ませる）は、今ではとんだお笑い種だ。

オウチュウ

曇天で小雨の降るこの日、「オウ何とかがいるよ」と連絡を受ける。ヤナギやニセアカシアの高い梢から盛んにフライングキャッチをして虫を捕っていた。

翌朝出勤前に行ってみたが姿なし。昨夜は天気が回復した様子はなかったのだが、移動してしまったようだった。（写真編 P84）

オオカラモズ

2002年11月から2003年の春先は、オオカラモズの当たり年で、当地のほか九州から中部地方にかけた各地（20ヶ所ほど）でオオカラモズが観察された。

本個体の生息範囲は広く、利根川左岸島村渡船場の上手で狩りをすることが多かったが、不意に飛び立ち高く上がり、一直線に1kmほど下手の開けた草原まで移動するのが何度となく見られた。

カケス

カケスは長距離の移動をするわけではなく、本州の当地より北で繁殖したものが、越冬のため当地より南へ移動するだけである。（ただし、全てのカケスが当地より南へ移動する訳ではない）

もっともカケスの主な食べ物であるドングリが豊富なまとまった林がある所では、平地においても越冬することはある。

ハシボソガラス

英名 Carrion Crow、直訳すれば腐肉ガラス。その食性から名付けられたのだろうが、これはこれで的を射ている。一方和名はその嘴の形状に着目し、同じ場所で見られることもあるハシブトガラスと区別するための命名だ。

ちなみに、ヨーロッパにはハシブトガラスは分布していないので、嘴に着目しなかったのも当然か。

ハシブトガラス

ハシブトガラスとハシボソガラスは、生活力・適応力が高いようだ。観察当初からごく普通に見られていて、堤外の人家や社寺などの高木で繁殖していたが、河川敷に樹木が生長するにつれ徐々に河川敷でも営巣するようになり、その数は以前よりも多くなっている。

ツリスガラ

主に西日本で見られ、80年代から分布を東に広げてはきたものの、当地で観察されるまで随分年数が経過している。そして観察は図表（P199）のとおり2シーズンだけでその後見られず、分布は当地から西へ後退したと思われる。

ヤマガラ

1991年から始めた9月のタカの渡りの観察は、高水敷に点々と生えたクルミの木陰でやっていた。そんな時、前方（北）から勢いよく飛び込んで来たのがヤマガラで、同じ仲間のヒガラ、コガラを見たのも同時期の同じ場所だ。（写真編 P90）

でも、2012年からタカの渡りの観察を近くに木のない島村渡船場へ移してからは、見ることはほとんどなくなってしまった。

シジュウカラ

シジュウカラは平地でも比較的樹木の多い所になら生息する馴染みの鳥だ。そこで、都市部の学校でも野外学習や情操教育の一環として巣箱を作り、校内の樹木に設置することがある。その巣箱をシジュウカラはよく利用してくれる。ただ、出入り口の丸い穴の大きさは、直径28mmくらいだそうで、30mmになるとスズメに占領されてしまうようだ。

子供の私に丸い穴をあける道具はなく、巣箱正面左上角をかぎの手に切り落とし、間に合わせとしていた。無論自宅庭ではシジュウカラは望むべくもなく、はなから私はスズメ狙いであった。

ヒバリ

ヒバリのさえずりはウグイスのそれと並んで春を告げる代名詞だが、ウグイスと違いそのさえずりは真冬でも聞かれる。風のない穏やかな日など徐々に徐々に舞い上がり、空中の一点に留まりさえずる姿が見られる。

春になると草のてっぺんや、石などの周りより少し高い所でも盛んにさえずるようになり、繁殖期を迎え、その主張は一段と力強さを増してくる。

ショウドウツバメ

ショウドウツバメの秋の渡りは、8月から10月と長い。餌となるのが小さな飛翔昆虫なので、曇りがちの日などは水面の近くや、堤防すれすれに飛び交う姿が見られる。また、日差しで熱せられた地面に体を付け、ダニを退治するのか地上に降りることもある。

ダニといえば送電線沿いの電線に十数羽のショウドウツバメが止まっていたことがある。見ると皆何やら体を同じ方向に傾けている。その仕草は太陽に腹を向け、これまたその熱を利用して体に付いているダニを退治しているように見えた。

写真の90年代までは4～500羽のショウドウツバメが休んでいるのが見られたが、周りの状況はあの時と変わらないと思うのに、以降は休む姿は全く見られなくなってしまった。（写真編 P91、92）

ツバメ

人家に営巣し子育てするツバメは、日本人に最も馴染みの深い鳥のひとつで、農耕民族である日本人と古来より持ちつ持たれつの関係を続けてきた。

今でこそ住宅が洋風化し気密性が高まりその営巣適所は少なくなってしまったが、日本の建物はツバメにとってなくてはならないものだ。

無論利根川にツバメが営巣できる所はないが、時期になると巣材の収集や採餌に堤外の人家と河川敷を頻繁に行き来する姿が見られる。

ちなみに、ツバメの初見日は36年間（1984年～2019年）で早いのは、3月12日、遅いのは4月9日だった。ずいぶん差があるが、当地で観察されるそれは、必ずしもここを最終目的地（営巣地）にしている訳ではなく、北への移動途中のものもいる。

毎年繁殖のために訪れる人家付近で観察すれば、その差はもっと小さくなると思う。

コシアカツバメ

コシアカツバメとの出会いは予期せぬ時のそれもほんの一瞬だ。飛翔昆虫を追い求め素早く飛び去ってしまい、満足のいく写真からはほど遠い。（写真編 P93）

イワツバメ

以前は散見されただけのイワツバメだが、17、18、19年は繁殖期を通じて観察された。おそらく、右岸堤防南にある大きなコンクリート建物などで営巣したものと思われる。

ウグイス

真夏になってもウグイスの声が聞かれるようになった。直射日光を忘れれば、それはあたかも深山幽谷を彷彿（ほうふつ）させる。

そのあたりの経緯は、P158「河川敷の移り変わりに伴う鳥の観察期間の変化について 3ウグイス」参照。

エナガ

エナガは森林性の鳥で、河川敷に少しずつ樹林が広がってきたとはいえ、利根川で見ることはなかった。平野部でもその可能性があるのは、背後に丘陵などを控えたような所で、当地はそれらからも遠く離れている。

ところが、2013年11月10日、河川敷のニセアカシアの林で数羽のエナガが見られ、15年には繁殖もし、巣立ちビナ共々ひと月ほど過ごした。

以来毎年見られるようになったが、図表（P202）のとおり周年見られるわけではなく、そこはやはり森林の鳥だ。

メジロ

ツバキやサザンカがあればメジロは平野部の市街地などでも居ながらにして見られる鳥だ。当然のことながらそれらのない利根川では、なかなか継続して見られないが、この日はネコヤナギの花に数羽が来ていた。（写真編 P95）

オオヨシキリ

鳴き声で存在を知らせてくれる鳥は有難い。聞き逃す（見落とす）ということは、ほとんどないからだ。

春、繁殖のために当地にやって来たオオヨシキリも早速枯れたヨシなどに止まり、自分の縄張りを主張するため声を張り上げる。

記録が連続している、1984年から2019年の36年間で最も早かった観察は、4月14日で遅いのは、同月29日だった。

コヨシキリ

コヨシキリは主に標高の高い草原で繁殖する鳥だ。にぎやかでやかましいオオヨシキリの声に混じって聞こえるその声は、オオヨシキリに比べ濁りのない細い声で、爽やかな高原を思い出させてくれる。（写真編 P96）

ヒレンジャク

ヒレンジャクが見られる確率が高いのは、好物のヤドリギの実のある所で、それなどない当地では期待することはできない。

ところが、この時はクルミの若葉の周りに虫が飛び、それを盛んに、時にフライングキャッチを交えて捕っていて、知らなかった生態の一端が垣間見られた。（写真編 P97）

この日以外に1996年4月27日、12羽。2017年5月3日、30羽ほどと二度レンジャクを見ているが、鳴きながら素早く堤外へ飛び去ってしまい、緋か黄か確認はできなかった。

コムクドリ

北海道など当地より北の地方で、繁殖を終えたコムクドリ（巣立った幼鳥を含む）の秋の渡りは早く、まだ夏真っ盛りの８月にはもう姿を見せる。
図表（P204）にはないが、自宅などで観察した13回のうち４回のそれは、さらに早く７月だった。たいていはケヤキの木から「キュルキュル」と柔らかい声がして、その存在を知ることができる。

ツグミ・ハチジョウツグミ

ユーラシア大陸の東半分に生息するツグミだが、羽衣の違うハチジョウツグミもごくまれに見られる。これは亜種ツグミ、亜種ハチジョウツグミと区別する。(写真編 P99)

ノゴマ

シギ・チ撮影のため浅い水辺の端のやぶに潜んでいると、近くのヤナギで少し大きめの鳥が動く。地味な色合いながらノゴマだ。その後、のどが赤い雄を見たこともあるが、河川敷に「マムシ注意」の立札が出るにおよび、やぶに分け入りじっとノゴマを待つ勇気はついに出ないまま今に至る。
図表（P205）では、1992年の記録が最後だが、今でも河川敷のやぶの中に立ち寄ってくれていることと思う。(写真編 P100)

ジョウビタキ

早朝ぬくぬくと布団の中でまどろんでいると、戸外より「ヒッ、ヒッ」と鋭い声がする。人家の周りでも見られるジョウビタキで、それは冬が間近なことを一番に告げる北からの訪問者だ。

ノビタキ

北の地方や高原で繁殖を終えたノビタキは、渡りの途中９月から10月にかけて河川敷にも現れるが、11月以降に見られることはほとんどない。それがこの時は、高水敷のブロッコリー畑に青虫がいるのか数日滞在し、29年ぶりにまた真冬のノビタキを撮ることができた。(写真編 P101)
29年前の観察・写真については、P156「４　半信半疑の１枚（ノビタキ）」参照。

エゾビタキ

エゾビタキは森林の鳥で、渡りの途中見られてもそれは樹間が多く、どうしてもあおりの写真になってしまう。何とか目線の高さで撮りたいものだと堤防上から機会をうかがっていたが、舗装されたサイクリングロードとなり、車での通行はできなくなってしまった。

コサメビタキ

ヒタキの類はフライングキャッチで小さな昆虫を捕まえる。風のない穏やかな日など、耳を澄ましていると、姿はないのに虫を捕り損ねたのか「プチッ」と、かすかな嘴を合わせた音が聞こえることがある。

「ヒタキがいるぞ」と、しばらく車の中でじっとしていると木立のこちらに現れ、目元パッチリの姿を見せてくれる。

スズメ

舌きり雀の話のとおり、スズメのお宿は（営巣する瓦の下や戸袋でなく）竹林・樹木の中だ。自宅に住み着いているスズメも夕方になると、庭木の上の方から数羽で鳴き交わす声がするので、そこがねぐらなのだろう。

坂東大橋のすき間で営巣しているスズメのお宿はどこなのだろう。河川敷にあるのはほとんど落葉樹で、夏はいいとしても冬から春先には、ねぐらになりそうもない。

そこで晩秋の明け方、橋の下に行ってみた。カラス、モズに続き日の出時刻の 10 分前、橋桁の間から 1 羽が鳴き出した。と、それにつられてあちらこちらから声が続く。

橋がそのままスズメのお宿であった。

キセキレイ

日差しをさえぎるもののない 8 月の河原で、上空からキセキレイの澄んだ声が聞こえてくると、「お…（山を）下りて来たか…秋か…」と峠を乗り越えたことが感じられる。それは、暑いだけで何もいない利根川から、渡り鳥の見られる季節を迎える予兆の声でもある。

ハクセキレイ

子供らの遊ぶ秋日和の庭にはアキアカネが飛び交い、皆でよく追いかけ回したものだ。

砂利採取跡の河原にもアキアカネが舞い、ひと休みするものもいる。ユスリカをついばんでいたハクセキレイも目ざとく見つけ、鋭いダッシュを見せる。立ち止まった姿は、何とも誇らしそうに見えた。（写真編 P103）

セグロセキレイ

英名で Japanese Wagtail という。ほかに Japanese が冠せられたのは 17 種ほどあるが、中には渡りをするものもいるので、日本以外でも見ることができる。その中でセグロセキレイは、国内のどこでも普通に見られる数少ない鳥で、それで外国のバードウオッチャーが日本に来て最初に見る Japanese が冠せられた鳥は、たいがいセグロセキレイになるようだ。

カワラヒワ

英名は Oriental Greenfinch。その名のとおり分布はアジアの東部に限られる。また、コガモなどのようにカワラヒワにも亜種があり､冬期に日本へ渡って来る少し大型のものは、オオカワラヒワというそうだ。

手持ちの図鑑にも写真が載っているのだが、大きさのほか両亜種の色彩による違いはごくわずかで、私には両亜種が並んででもいないことには、その違いにいまひとつ納得できていない。

冬期にはオオカワラヒワも特に珍しい訳ではないようなので、なんとか識別してみたいと思って気にはしているのだが、今のところ果たしてはいない。

マヒワ

冬、日本に渡って来たマヒワの主な生息地は、山地の針葉樹林なので、平地のそれも河川敷で見られることはない。この年は全国的にマヒワの当たり年で、当地以外でも普段観察できない多くの地域で、マヒワが観察された。（写真編 P106）

図表（P208）で見るとおりそれは、50 年に一度の珍事なのだ。

ベニマシコ

鳥を見つけるには目が重要だが､耳も大切である。仮に耳を使ってはいけないとすると、その半分も見つけられないのではないだろうか。そんな訳で、風の強い日などは葉擦れの音に気が削がれ､意欲の低下は否めない。このベニマシコも姿より先にその「フィ、フィ」という柔らかい声で存在を知ることが多い。

シメ

よく聞くシメの地鳴き（繁殖期のさえずり以外の声）は「チチッ、チチッ」だ。晩秋シメは山地や北の地方から越冬のため平野部にもやって来る。上空から「ツィー」と声がし鳥が飛ぶ。「何だ？」と半年ぶりに聞く声にとっさに名前が出てこない。これは、シメがよく飛びながら発する声で、別種と思わせる音色の異なる地鳴きで、いつも戸惑ってしまう。

ホオジロ

ホオジロはスズメ、ヒバリなどと同様一年中利根川に生息し、繁殖している。河川敷の様子は随分変化したが、それはどちらかと言えばホオジロにとっては、餌や営巣場所の増加という結果につながっているように思う。

コホウアカ

密生した深い草地の地上で餌を採っているため、外からはその様子を知ることはできなかったが、何か異変を知らせる声（ホオアカ、コジュリンそれぞれ数羽が同じ場所で越冬していた）がしたのか、あたりをうかがいに桑の枝に出て来た。（写真編 P109）

カシラダカ

カシラダカはユーラシア大陸高緯度地方などで繁殖し、秋には越冬のため日本に渡って来る。同じ仲間のアオジとホオジロを加えた３種は、似た環境に生息し、冬期は繁殖期と異なり、鳴き声（地鳴き）はみな単純で音質も似ているため、声だけでは今でも種の判断を誤ることがある。

ノジコ

せかくの休日なのに曇天で気分もふさぎがち。車中でぼんやりしていると右手の方で声がする。見るとクルミの木にスズメが数羽止まっていて、中に１羽少し小さくて黄色っぽい鳥がいる。あわてて窓を開け数枚撮る。よく見かけるアオジでなく、見たことのない鳥だ。「ノジコかも知れない」と期待がふくらむ。

でき上がった写真（スライド）は、いかにも曇天のぱっとしないできながらノジコであった。

１年後の 92 年 10 月 17 日、晴れ。運良く再び本種が見られたが、ススキのそこまでは 40m も離れていてなすすべなし。（写真編 P110）

アオジ

同じ大きさのカシラダカやホオジロの全体茶褐色に比べると、一瞬でやぶに飛び込んだその残像は「黄色いな」という印象が強い。

コジュリン

この時は狭い範囲（縦・横 50m 四方）を中心として、コジュリンのほかホオアカ、コホウアカが越冬した。（写真編 P111）

オオジュリン

オオジュリンは本州以南では冬鳥だ。ヨシに潜む虫を好んで食べるので、水辺のヨシ原でよく見られる。

水量の減少に伴い河川敷で乾燥化が進むと、ヨシは徐々に他の植物にとって代わるため、図表（P211）のとおり 2010 年ごろからは、主に北への移動途中である春先にしか見られなくなってしまった。

では、それ以前はというと年によって見られない年がある。なぜなのか。その理由のひとつは、台風などによる川の増水で、ヨシがなぎ倒され水に浸かったり（虫は死ぬものもでてくる）土砂で埋まったりしてしまうためだ。

たとえば近いところからみると、2007 年９月の台風９号、01 年８月同 11 号、00 年９月の前線と遠い台風、1998 年９月の台風５号、94 年９月前線の長雨、91 年９月前線と台風 18 号、90 年 11 月台風 28 号とこれらによる増水で、その年の秋から翌年の２月（まだ移動の時期ではない）にかけて、オオジュリンを見る機会は他の年に比べ少なくなっている。

観察記録編

被弾・落鳥（骨折）から再起したコハクチョウの記録

1　被弾・保護収容

それは1978年11月15日狩猟解禁日の朝起こった。市内のKさんは、烏川（群馬県佐波郡玉村町）に係留してある舟の見回りに行っていると、川上より大きな鳥が羽をばたつかせ流れ下って来るのを発見し保護した。コハクチョウの幼鳥であった。付近では私も12日（日）にコハクチョウ3羽（成鳥1、幼鳥2）を見ているので、そのうちの1羽だったのだろうか。保護されたコハクチョウは、左翼の尺骨（人でいうと肘から手首）に散弾を受けていたが、その日のうちに市内のK獣医師により無事手術を終え、Kさん宅へ収容される。体重は4．3kg。Kさんは愛鳥家で自宅に人が立ったまま入れるほどの大きな小屋を持っている。一方、利根川には23日（木）になってようやくコハクチョウ5羽（成鳥2、幼鳥3）が見られ、以降徐々に数を増やす。

12月2日（土）様子を見に行く。小屋に近づくと翼を大きく広げ何不自由ないような羽ばたきをしていた。

12月17日（日）撃たれて1ヶ月、体重も変わらないとのこと。

12月31日、利根川で採取した水草を与える。両翼を広げ飛べることを主張する。

2　放鳥

Kさんの3ヶ月余りの看護により順調に回復したため、1979年2月11日（日）仲間のいる利根川へ放すことになった。

放鳥にあたり2月10日、(財)山階鳥類研究所のY氏により個体識別ができるよう首輪（筆者注）等が装着された。通常日本で着けるそれは、3桁の数字とアルファベットだが、落鳥であったためか2桁のYY(写真1。右足にも同様のもの）で、左足には、140-00531JAPANの金属製の足環も付けられた。なお､性別はY氏により雌と判明。(YYとは、山階のYと同所のY氏の組み合わせと推測する）

写真1　1979年2月10日　Kさん宅。

私は所用で放鳥には立ち会えなかったが、午後様子を見に行くと、ハンターや投網舟が出ていて、コハクチョウ 20 羽は 4 km 上流へ行ってしまい、残っているのは、YY だけであった。飛んでもまだ力が入らず、少し飛んだだけで降りてしまった。どうも仲間について行けなかったようだ。それでも 2 月下旬になると長く飛べるようになる。

3 月 21 日（水）YY は仲間 16 羽（成鳥 9、幼鳥 7）と一緒にいて、この日が利根川における最後の観察であった。

3　再飛来

その終認からちょうど 10 ヶ月後の 1980 年 1 月 21 日（月）K さんより「YY が伊豆沼にいる」との連絡が入る。（財）山階鳥類研究所へ問い合わせすると「1 月 13 日に発見された」とのことで、さらに夜、伊豆沼（宮城県）の K 原氏（日本白鳥の会会員。私も当時同会会員だった）に連絡すると、「14 日にはいなくなってしまった」とのことで、1 日だけの滞在だったようだ。

翌 22 日（火）再度 K さんから「I フォトの K 崎さんから『撮影旅行で 1 月 20 日猪苗代湖へ出かけたが、写した写真の中に YY の首輪を付けたのが写っていた』と電話があった」との連絡がきて、伊豆沼から不明になっていたのがまた見つかった。

猪苗代湖（福島県）は、伊豆沼から南南西におよそ 160km 離れている。

4　猪苗代湖へ

22 日、職場に休暇届を出し、1 月 23 日（水）一路猪苗代湖へ。

朝 5 時 30 分自宅を出発。まだ暗い道を館林インターへ。朝焼けを背景に筑波山が黒く浮かぶ。東北道に入る。福島方面は雲がかかり、天気はどうなのか。予報では「冬型の気圧配置が緩み、各地とも穏やかに晴れるでしょう」と言っていたが……。案の定、那須あたりから小雪がちらついてきた。福島側に降りると雲も切れ陽が射している。しかし、猪苗代方面の山々には雲が懸かりチェーン装着は免れないだろう。郡山インターまで 3 時間。インターを降り猪苗代への一本道を登る。また再び雪がちらついてきた。路面も凍っているので、脇に停めてチェーンをまく。

峠道に雪はなく湖が見えてきた。風が少しあり、さざ波が立っている。湖岸の白鳥浜近くの観察塔で O さん（日本白鳥の会会員）が白鳥の餌の運搬作業をしている。そして、もっと重労働なのだが、凍てつく湖に入り、氷を割る作業を毎日しているそうだ。開水面にパンくず、茶くずをぶちまける。オナガガモとコハクチョウ（オオハクチョウは 2 羽だけ）がじっと見守っている。この日はどうしたわけかなかなか餌に近づかなかった。

O さんの車で YY がいるという湖北西岸の崎川浜（さっかはま）へ向かう。

私たちが岸の方へ歩いていくと、餌でもくれると思ったのか皆こちらに向かって近づいて来る。白鳥浜のコハクチョウとは大違い。左手のボート発着場の方からも続々こちらに泳いで来るが、YY の姿はない。彼等まで 10 ～ 20 m なので肉眼でも十分首輪を見ることができるはずだ。O さんが「あっちじゃない」と右手で休む数羽を指差す。望遠鏡で見たら、いた、あの YY だ。ここを見守っている会の会長がバケツにもみ殻を持って来て撒き出すと、続々集まり、ほんの数 m まで来て一生懸命食べている。YY も遅れてはなるものかと、飛んで来た（写真 2）。少し首輪がきついようだ。K さんはこの日早朝に YY と再会し、私とはすれ違いになってしまった。

写真 2　1980 年 1 月 23 日　猪苗代湖（崎川浜。写真 1 から 11 ヶ月経過）

猪苗代湖の白鳥を守る会によると、YY の初認は 1 月 14 日で、伊豆沼で見られなかったその日にはもう到着していたことになる。そして同会によると 4 月 22 日まで崎川浜で過ごしたそうだ。

ともかく、短い時間だったとはいえ、収容された小屋で間近に見た YY と 10 ヶ月ぶりに再会できたことは、何だかとても信じられない思いだ。

そして話はこれで終わらない。

5　再び猪苗代湖へ飛来

夏をユーラシア大陸北部で過ごしたコハクチョウは、秋の訪れとともに南下し越冬のため日本に渡ってくる。

1980 年 12 月 7 日（日）夜、同じ職場に勤める K 藤さんから電話があり「東村（現伊勢崎市）の H さんが今日猪苗代湖で YY を見た」とのことで、早速猪苗代の O さんに電話をすると、「11 月 24 日朝、白鳥浜で確認した。また首輪が外れそうで、それが喉につかえるような格好で餌にも近づかず、地元の人たちも心配していた」とのことだった。また、この日のうちに YY は崎川浜へ移動した。

K さんは翌 8 日に現地に赴き、10 ヶ月ぶりに YY と 2 度目の再会をはたす。何とか首輪を外す算段をしたがかなわず、13日再び猪苗代湖へ行ったが、14日の朝、首から自然と首輪が脱落していたとのことで一安心。

この日、崎川浜にはコハクチョウ（成鳥）114羽、陸に上がれば足環で確認できるが、今後湖面に浮かんでいる中からYYを探すのは至難の技だろう。

そして、猪苗代湖の白鳥を守る会の調査では、3月3日（1981年）白鳥浜でYYは確認され、4月中旬には大多数のコハクチョウが北へ旅立ち、6月10日までには全て湖から飛去したとのことだった。

ともかくYYは、2シーズン続けて日本へ渡って来て、猪苗代湖で越冬したこととなる。

注　鳥に足輪や首輪（ガン・ハクチョウなど大型の鳥に）を付けた後、放し、その後の観察や再捕獲により鳥の移動経路や、生態などの解明に役立てる。

日本で捕獲したコハクチョウに装着する首輪は、緑色で○○○Ｙと3桁の数字とアルファベットのＹからなり、同様のものが右足にも付けられる。

付記　本件については事故当初より話題になり、折にふれ新聞や地元のテレビ局などにより報道された。またこれを契機にハクチョウの主な生息域である坂東大橋から下流約3kmまでの利根川一帯が、1979年11月1日より銃猟禁止区域となった。

参考文献

猪苗代湖の白鳥を守る会、1980、猪苗代湖における白鳥飛来に関する記録1979～1980、P84～P85、日本の白鳥NO7

猪苗代湖の白鳥を守る会、1981、猪苗代湖における白鳥類越冬滞留間の経過報告1980～1981、P36～P39、日本の白鳥NO8

ツバメチドリの繁殖

ツバメチドリはかつて旅鳥・迷鳥といわれていたが、1974年6月宮崎県において日本で初めて繁殖が確認され、以降福岡・鳥取・愛知・静岡県と繁殖地を東へ広げていた。

図表（P187）で見るとおり、利根川においても70年代に観察されているが、長く留まらなかったり、繁殖期が過ぎた後での観察であったりした。

1985年4月29日ツバメチドリ2羽が見られ、これは今までで最も早い渡来であった。5月3日には4羽になり、6日には交尾が1回観察でき、雄から雌（と思われる）への求愛給餌も何回となく見られた。8日には巣と決めたと思われる所にしゃがみこんでいる姿が見られ、シロチドリが近づいて来たりすると追い払う行動が観察できた。9日も昨日と同じ所に座っていて、1羽のツバメチドリが4～5m離れた所に降りた。ペアなのか巣の方へおもむろに近づいて行くと、座っていたほうは立ち上がり巣から少し歩き出した後、飛去った。するとすかさず歩み寄り、同じ所にしゃがみこんだ。「これは生んである」という感じを強く受けた（以下「1巣目」という）。

その後も出勤前と仕事を終えた後、ほぼ毎日望遠鏡で観察を続けたところ、30分から1時間くらいの間隔で抱卵の交代を順調に繰り返していた。

巣までは岸から300mはあるだろうか、そこは人の股以上の流れに囲まれた中州で、人等が容易に近づけず、コアジサシ・シロチドリ・コチドリも繁殖している。25日になると5羽になっているようで、もう1組、1巣目から20mくらい上手でしゃがんでいるのを確認する（以下「2巣目」という）。

5月28日朝6時40分、親がじっとしていない。そのうち1羽がやって来て、抱卵しているもう1羽の胸元へ嘴を差し入れた。ヒナが孵ったと思われ家へ取って返し、職場へ「今日一日休みます」と連絡する。

この時のために買っておいたゴムボートを漕いで中州へ渡る。行ってみると岸から見ていたのとはまるで感じが違う。遠回りしてヨシとヤナギの茂みの方から行ったのだが、早くも気付いて上空を警戒しながら飛び交う。ブラインド替わりに持って来たビニールシートをすっぽり被り、目指す所へ行ってみたが、岸からの観察で目印にしていた巣の近くの角材が見つからない。上空ではコアジサシも一緒になりやかましい。ようやく角材が見つかり、その上手側にもうひとつの目印であったゴミがあり、一気に進む。と、石と石の間に頭を入れじっとしているヒナを見つける。あたりを捜すと石が風除けになったような砂地の上にこげ茶の卵がひとつある。後ずさりし7mの所で一度カメラを構えるが、全然だめで更に下がり11mでようやく親が巣に戻ってくれたが、もう一方の親は盛んに鳴き、どうも巣から離れているヒナを呼んでいるようだ。ヒナはヨタヨタ歩き出すが、まだ弱々しく石につまずいたりしてなかなか進まない。すると今度は抱卵中の親が声を出した。また歩き出してヒナはようやく親の腹の下に潜り込んだ（P65写真参照）。

記録写真を撮ったので、ずっと離れたヨシまで後退してしばらくすると、1羽のトビが上空へ侵入したのを機にコアジサシと共に一斉に飛び立った。見るとツバメチドリは8羽くらいいるみたいで、1巣目の下手20 mくらいの所にもう1組抱卵している組(以下「3巣目」という)があり、少なくとも3組繁殖しているようだった。

30日、1巣目の近くには見当たらない。もう1卵も孵ったものと思われた。

31日、巣から20 mくらい離れた2巣目の近くに移動していた。しゃがんでいる親の下に入っているようで、もう一方の親が餌をくわえて来て2mくらい離れた所に降りると、駆け寄って行きつまずく様子もない。夕方30分ほどの観察だったが、ヒナを置いたまま2羽が同時に餌を採りに行くことはなかった。

6月になって、1巣目のヒナと2巣目は順調だが、3巣目が見当たらなくなってしまった。そして離れたところで産座を掘っている(以下「4巣目」という)のがいる。また、7日には、もう1羽じっと座っている(以下「5巣目」という)のを見つける。

8日、2巣目・4巣目順調。

9日、ヒナは2羽、2羽の計4羽。翼を広げバタバタしながらピョンピョン飛び跳ねていた。ただ、大きさがたいして違わないということは、1巣目のヒナを集中して観察しているうちに、3巣目も孵ってしまったため、6月初めの段階で3巣目が見つけられなくなってしまったものと思われた。2巣目はまだ孵っていないようで、また5巣目は卵が生んであるのか抱卵の交代が見られた。

17日、親の腹の下に隠れるヒナ2羽、まだ孵化して間がないようで、2巣目のヒナと思われる。

23日、1巣目、3巣目のヒナ(というより「幼鳥」)も親より一回りほど小さいくらいで、中にはもうかなり飛べるものもいる。

27日、梅雨の長雨で中州全体が水没する。2巣目のヒナは、孵化後10日ほどだったので、流されてしまっただろう。そして4巣目、5巣目もだめだったろう。

以上のとおり、5巣の営巣・抱卵を確認し、2巣(1・3巣目)から計4羽が巣立った。

本記録については、財団法人日本野鳥の会へ報告し、『野鳥』通巻472号(1985年12月号)“フィールドノート”に要約が掲載されている。

以降1986年、1987年と3年連続で繁殖し、1990年、2001年と断続的に繁殖。1996年、1997年は営巣するも川の増水で水没。

なお、観察・撮影区域における県境は、利根川の左岸堤防、右岸堤防の外へと群馬県、埼玉県がそれぞれ入り込んで設定されており、ツバメチドリが繁殖したところの行政区画は、いずれの年も埼玉県であった。

セアカモズの観察

1　発見の経緯

2017 年 12 月 11 日（月）、昼前に鳥仲間の敷地富士雄氏から連絡が入る。それは「新上武の下、モズより小さく頭が灰色のモズがいた」ということで「チゴモズは今ごろいないし…」でこの時点では、シマアカモズではないかということになった。私のフィールドは、主に坂東大橋から下流の上武大橋までだが、敷地氏はさらに下流の刀水橋（群馬県太田市と埼玉県熊谷市を結ぶ）付近まで巡回・観察している。そんな道すがらコースの端にいたのを「至近で撮った」とのことで、すでに敷地氏は意気揚々と帰宅途上であった。

2　生息環境及びその範囲

ほぼ東に流下している利根川右岸高水敷（全幅は南北 200 mほど）の疎林にススキなど丈の高い草本が混じった所とそれに接する丈の低い草地で、生息範囲は東西 200 m、南北 100 m（うち草地は南北 50 m）くらいと思われその範囲はごく狭く、その西側と東側にはそれぞれにモズが縄張りを確保している。また、草地の北側は高水敷のへりにあたり、釣り人など河川利用者の車往来により道状になっている（写真 1）。

写真 1　2017 年 12 月 22 日　生息環境を下流側から、奥は新上武大橋

なお、発見当初草地の一部が裸地化していたが、それは 10 月 22 日夜半から 23 日未明にかけ上陸・通過した台風 21 号により利根川が増水し、流れ着いたゴミを酪農家が疎林側へ退けたことによるもので、12 月 23 日には牧草播種のため草地全体が耕起された。

3　種を同定した規準等

写真（P85 下段参照）のとおり頭が灰色（あとで写真を確認すると褐色の羽が残って

いるが）で、過眼線が黒く、頬と喉が白く、胸から脇がオレンジ味のある黄褐色で、脇には褐色の横班が少し見られ、嘴は黒いが基部のほうは白っぽく、また、尾羽の外側がホオジロなどのそれのように白い。観察結果などからシマアカモズではなくセアカモズ（以下「本個体」という）と同定し、さらに過眼線が眼の先まで黒いことから雄と判断したが、まだ完全な雄成鳥羽にはなっておらず、第１回冬羽から第１回夏羽への換羽途中と思われる。

アカモズ（シマアカモズ）、セアカモズ、モウコアカモズの３種は似ていて、種の同定には細部にわたる検討がかかせないとされている。そこで、さらに写真を基に少し詳しく検討してみたい。

（1）尾の白色部等

写真（P86 上段参照）のとおり本個体には、モウコアカモズなどに見られる初列風切基部の白斑はなく、さらに、尾に白色部があり、これはアカモズ（シマアカモズ）やモウコアカモズにないセアカモズだけの特徴である。ただし、1994 年 11 月 3 日に石川県舳倉島で観察された、セアカモズの第１回冬羽と考えられる個体の尾は褐色で白色部がない。これは本個体より観察日がひと月以上早いことから推測するに、第１回冬羽からまだ換羽が進んでいないためと思われる。そして、国外の図鑑『Birds of Britain and Europe』（1978）の本種の幼鳥のイラストも尾は褐色のみで描かれている。

（2）静止時に先端が見える初列風切の枚数

写真２より、本個体の風切は左右とも全て揃っている。初列は 10 枚、次列６枚、三列３枚である。

写真２　2018 年 1 月 14 日

また、写真（P86 下段参照）及びそれを基にした図 1 より、初列風切（内側から数える）は、P1 から P10 まで全て見えている。静止時に先端が見える初列風切の枚数は 8 枚（P8～P1）で、これはセアカモズに一致する。アカモズ（シマアカモズ）は 5 から 6 とされ、モウコアモズは 6 から 7（ときに 5）とされている。しかしながら、「堀本・渡部（2014）は、山階鳥類研究所のアカモズの標本（中略）を調査したところ、亜種シマアカモズと亜種ウスアカモズでは（中略）7 または 8 と読み取れる個体も存在した」としており、これだけではアカモズ（シマアカモズ）を否定する根拠にはならないこととなる。

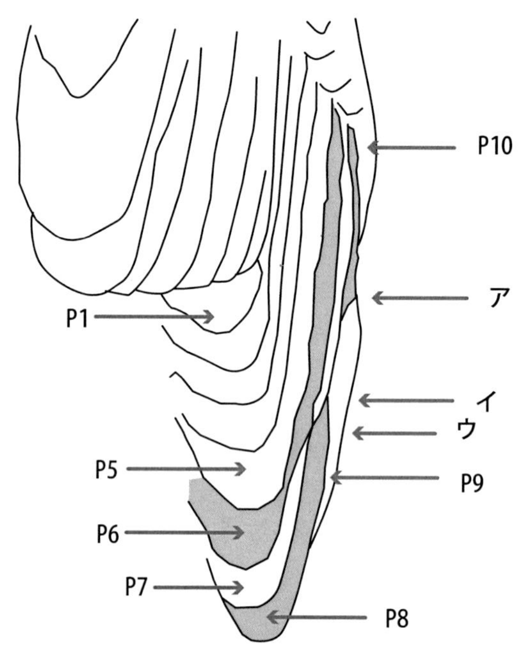

図 1　セアカモズ右翼（写真をトレースし拡大コピー、P8･6 を着色、P7 は着色なし）

（3）初列風切の間隔

本個体は P8 とそれに続く P1 までがほぼ等間隔で並んでいる。「森岡（1998）は、アカモズとオリイモズ（筆者注）では P8-P6 にあまり差がなく、とりわけ P8 と P7 はほぼ同長で 2 枚が重なっているように見えるか、P7 がわずかに短く見え、P6 も最長羽とさほど大きな差がなく、P6 と P5 の間が大きく開いていることが多い。これに対してセアカモズは P7 が最長羽よりはっきり短く見え、かつ P6 が短いため、P7 以下の羽毛がほぼ等間隔で短くなっている」としており、本個体の初列風切の間隔もこの説明に合致している。

（4）P9 の長さ

P9 の長さは 3 種の中でセアカモズが最も長く、P6 と同じか P6 と P7 の間に位置するとされている。本個体の P9 は、P6 の羽先に近い位置で P8 の下に入り込んでいる。これは P9 が P6 と同長であることをうかがわせる。これに対しアカモズ（シマアカモズ）について「森岡（1998）は、山階鳥類研究所所蔵の標本による筆者の調査では（中略）P9

は明瞭に P6 より短く、ほぼ等しいという例はひとつもなかった」と述べ、オリイモズについても「森岡（1998）は、山階鳥類研究所所蔵の標本による筆者の調査でも（中略）P6 ＞ P9 ＞ P5 であり（略）」としており、P9 の長さについても本個体はセアカモズに合致する。

(5) 外弁欠刻

外弁欠刻（外弁の羽縁が羽軸の方へ少しカーブしていること）は、セアカモズにおいては P7 と P8 の 2 枚に、アカモズ（シマアカモズ）、モウコアカモズについては、P6 ～ P8 の 3 枚にあるとされている。

本個体の P9 は前段「P9 の長さ」で述べたとおり、P8 の下に入り込むまでほぼまっすぐ見えている。

P8 は P9 と風切の付け根から重なって羽先に向かい、アの位置で別れ内側にカーブ（欠刻）し、そこで P8 は P7 の下に重なるもイの位置で再び現れそのまま羽先まで外縁は見えている。

P7 は付け根からまっすぐ羽先に向かい、イの位置で内側にカーブ（欠刻）し、ウの位置で P6 に接するも羽先まで見えている。

P6 は付け根から羽先まで P5 に接することなく外縁が見えていて欠刻はないように見える。よって、欠刻についてもセアカモズに合致している。

以上、本個体を検討した（1）～（5）のうち（2）については、アカモズ（シマアカモズ）も可能性があるとはいえ、セアカモズにもあてはまっており、ほか全てにおいてセアカモズの特徴に一致している。

4　採餌行動

疎林端の木では地上 2 m前後の位置に止まり、下を見つめた後、地上に飛び降りて餌を採っていた。草地へ出ては、そこに点々と残る 50cm 内外のススキの枯茎等に止まり、同じく地上に降りて餌を採っていた（以下「通常の採餌行動」という）。

モズに比べ地上や地面近くにいることが多く、その様はジョウビタキのようである。

初認から 10 日経過したころから餌があまり採れなくなったようで、下を見ている時間が長くなった。12 月 31 日は通常の採餌行動と異なり、地面をホッピングしながら忙（せわ）しなく何かついばんでいた。観察している車の周りにもユスリカが蚊柱を立てており、案の定地面には多くのユスリカが降りていた。その後も何回か同様の採餌が見られた。

5　給餌とはやにえ

前段でも触れたが発見から 2 週間くらいが経過し、草地で採れる餌も少なくなったようなので、牧草地の隅に積んである堆肥場を掘り、カブトムシの幼虫（以下「幼虫」という）を一日ひとつ与えてみた。12 月 24 日は初回だったので、よく止まる木の周りに 5 匹置いてみたところ、一度足でつかみ 7 ～ 8 m飛んでススキの藪に入った。

25日、観察に出かけられなかった。

26日も幼虫を置いてみたが、採ったか否かは確認できなかった。

27日は8時半ごろ幼虫（重さ10g…調理用計量器で量る）を置く。24日はハシボソガラスに見つけられたのがあったので、体を半分ほど埋める。9時50分見つけ出し、足でつかみ2mほど飛んで低い藪に入る。5分ほどして出て来る。嘴の汚れを枝で拭い、すぐ端のススキの中へ入り、また嘴を拭う。5分くらい休んで草地に出て来たら通常の採餌行動に移った。

5分では幼虫の10分の1も食べてないのではと思い、隠した藪へ行ってみると、そこは、ノバラの藪で地上20cmほどの高さのバラの刺に幼虫は引っ掛けてあり、ほとんど原型のままで、食べた様子はみられない。望遠レンズしかなく、家に戻って後、13時10分コンパクトデジカメで写す(写真3)。はやにえにして3時間ほど経過し枝が少し下がっているが、そのまま幼虫は下がっており、引っ掛けた方（頭になる）に少し食べた痕があったので、はやにえにした後戻ったことがうかがえた。日陰になった藪の奥で外からは目につきにくい場所であった。

写真3　2017年12月27日

翌28日は観察に出かけられなかった。

29日、8時40分に27日と同じ場所に幼虫を1匹置いたついでに藪を見ると、はやにえがない。昨日一日で食べてしまったのか、あるいは他の生き物に食べられたのか……。

9時55分、ようやく草地のほうへ出てきた。27日と同じところへ止まり、下を見たので幼虫を見つけたなと思ったが、わからないようでそこから離れてしまった。10時13分、ノバラの藪に入る。中で動きまわり藪の下から上へ動いた時に幼虫をくわえていた。どうやら下に落ちてしまっていたようだ。2分ほどで藪から出た後、通常の採餌行動に移る。はやにえの様子を見に行くと、折れたノバラの枝先にやはり頭の方が刺してあり、地上からは 40cm くらいの高さであった（写真 4）。また、27 日よりは少し食べたようだったが目立った変化ではなかった。

写真4　2017 年 12 月 29 日

30 日は 12 時 40 分から 14 時 55 分まで観察する。はやにえの今後の変化が知りたく、本日以降新たな幼虫は与えないこととする。

この日は風が幾分強かったが比較的姿を見せている時間が長く、観察の間通常の採餌行動中、計 7 回はやにえがあるノバラの藪へ止まったが、中へ潜り食べることはなかった。疎林に入ったのを機に行ってみると、昨日のままの所に有り、頭の方から 2 割くらい食べてあった（写真 5）。昨日の午後から今日の午前中にかけて食べたのだろう。

写真5　2017 年 12 月 30 日

31日は10時15分はやにえを見に行くとない。また落ちてしまったのかと下を探すが見つからない。枝をどけてまで探すことはせず、昨日の15時過ぎから今朝にかけて食べたのだろうか、それとも他の生き物に食べられたのか。で、10時30分新たに幼虫1匹を前回と同じ所へ置く。

11時地面のユスリカを食べながら幼虫の近くに来たが、幼虫は見つけられなかったのか、離れてしまった。11時4分ノバラの藪に入る。刺してあったあたりをついばむような仕草が見える。が、すぐ藪の上に出る。はやにえが落ちてしまっていたのなら、この間みたいに引き上げたろうし、あわせて、折れた枝先に刺したのは乾燥とともにより枝に密着していたようで、落ちた可能性は低いと思う。11時20分までに新たに置いた幼虫を見つけることはなかった。

2018年1月1日、10時10分～11時40分まで観察する。昨日置いた幼虫はなくなっている。ノバラの藪にもない。11時1分疎林の縁に出て来る。通常の採餌行動で何か採れているようだ。今日は西風が強く、ユスリカは見当たらない。

2日は9時～9時40分まで観察。耕起され凹凸の激しかった所が牧草の種を蒔く準備（あるいは蒔いた）なのか整地されている。今日も通常の採餌行動だった。幼虫を1匹置いておく。

3日は9時20分～11時まで観察。風が強い割には比較的疎林縁に出て来て、通常の採餌行動をとっていた。

4日、9時8分～11時30分まで観察。幼虫1匹置く。近くに2回ほど行くが幼虫には気づかず。通常の採餌行動と、ユスリカも食べていた。ツグミが草地の中程にいても前ほど真剣に追わない。

5日、8時50分～11時30分まで観察。幼虫1匹置く。ノバラの薮をみると枝先（この間と同じ枝）に幼虫が刺さっている（以下「4日のはやにえ」という）。昨日の午後に見つけ出して刺したようで、ほぼ原型のままだ。それにひきかえ、今日は目ざとく見つけ8時55分には足でつかんで、ススキの藪に入る。すぐ近くのノバラには、4日のはやにえがひとつあるので別の場所にするのか。9時15分端の木に出てくる。この間と違い出て来るまで20分かかった。今日も風がないためかユスリカが大量に発生していて、11時ごろまではほとんどユスリカを採っていた。望遠鏡で見ると脇の褐色班はまだある。また、脇が少し灰色味を帯びてきたようだ。昨日と違い今日は50m以上離れたツグミを追い立てた。時間まで4日のはやにえは食べなかった。

6日、所用のため、4日のはやにえの確認だけ。12時50分昨日とほぼ同じ状態で、4日のはやにえはあった。

7日、8時30分から11時30分まで観察。だんだん風が強くなる。4日のはやにえは変化なし。11時30分もう一度4日のはやにえ確認、変化なし。

8日、曇り、9時から10時まで観察。4日のはやにえは乾燥で少し縮んだだけで変化なし。餌が十分には採れてないようにみえる割には、はやにえに依存していないように思う。今日はユスリカを食べることが多い。それでも一度20 mほど離れた地面に降り黒いオサムシのような甲虫を捕まえ草地の端にあるクコの藪に入る。はやにえにするのか、食べるのか、食べてしまったようにみえたが、数分後行ってみるとクコの刺に突き刺してはやにえにしてあった（写真6）。やはり外からは目につきにくい場所だった。

9日、10時から11時20分まで観察。4日のはやにえと甲虫に変化なし。通常の採餌と地上でピョンピョンしての採餌だが、ユスリカではないようだった。ツグミ、ムクドリ、ハクセキレイはユスリカを採餌。

10日、10時10分から11時10分まで観察。4日のはやにえはそのままだが、はやにえにした甲虫はいない。落ちたのか。

今日は通常の採餌だった。

11日、9時50分から11時15分まで観察。4日のはやにえはない。10時5分ひとつ幼虫を置く。10時18分見つけて、足でつかんでノバラの藪を左に見て30 mほど飛んで縄張りの中央にあるゴミの山へ運び、3分ほどで出て来る。行ってみると、単に置いてあるだけだったが、枯れ枝・草が覆いかぶさった所で、外（上）からはやはり目につきにくい所だった。

写真6　2018年1月8日

12日､8時50分から11時20分まで観察。11時に昨日のはやにえを確認するとない。しかし、すき間の多いゴミの所だったので、落ちたものと思う。

14日、8時40分から11時20分まで観察。幼虫ひとつ置く。8時59分に疎林から出て来る。9時5分ツグミが先に幼虫を見つけついばみ始めると、ほどなくしてハシボソガラスに横取りされる。北西の風が強いが、通常の採餌行動。尾羽の白いところを撮るべく、犬の訓練のため進入した車のタイヤの跡を消すのを兼ねて杭の周りを草欠きで整地すると、セアカモズはやって来て、地面を動き回り採餌していた。

15日、10時から10時40分まで観察。幼虫を今日は杭の所へ置き、タイヤ痕を草欠きで消す。10時14分に幼虫を見つけ疎林の中へ運ぶ（写真7…重さは前に計量したのと同じ10 gくらいだと思う）。

やはり餌が採れなくなったのか､この日を最後に1月16日以降見られなくなってしまった。

「4日のはやにえ」について言えば5日～10日まで6日間食べた形跡はなく、11日になってなくなっていた。10日の午後から11日の早朝にかけて一気に食べてしまったのだろうか。はやにえを餌として利用したことは確認できたが、このことに関してはもっと多くの観察が必要だ。ただ、はやにえを確認できた4例は全て外から容易に見えないような場所に隠すようにしてあったので、後で食べることが目的であることを推測させた。

写真7　2018年1月15日

6　おわりに

セアカモズが日本で観察され、日本鳥学会で正式にセアカモズと認定されたのはまだ6例ほどしかない。(正式に認められるには、学会に観察記録を提出し、専門家の査読を経なければならない)

またセアカモズはモウコアカモズとの交雑（中央尾羽が黒くなく赤褐色だったり、初列風切基部に白斑があったり）も知られているが、本個体の中央尾羽は黒く、また初列風切基部に白斑はなく、交雑を疑わせるものは見いだせなかった。換羽が徐々に進行し雄成鳥羽になるとよりセアカモズの特徴が顕著になるのではと思い、長く当地に留まらせたく幼虫を与えたのだが、やはり自然界に存在する餌が十分でないと長期にわたり居着くことは難しいようだ。

雄成鳥羽まで見ることはできなかったが、希有な観察ができ満足であった。

なお、セアカモズは前述のとおり国内において観察記録は少なく、引用・参考文献に掲げた諸先輩は、その観察記録などを執筆するにあたり、国外の書籍も検証の対象にしていますが、筆者はそれら原典にはあたっておらず、筆者の記録はそれら諸先輩の論文からの孫引きがあることをお断りしておきます。

注　オリイモズは、『日本鳥類目録改訂第７版』（日本鳥学会 2012）で種名がモウコアカモズとなった。
＊本文は、日本野鳥の会群馬会報『野の鳥』に「尾羽の外側が白いモズ…それは…？迂闊にもセアカモズだった！！（その 1)・(その 2)」として発表したものを改題、加筆修正し、未発表部分（主に、５給餌とはやにえ）を加えたものです。

引用・参考文献

Bruun　B(1978) *The Hamlyn Guide to Birds of Britain and Europe. Hamlyn,*London.

森岡照明（1998）新しい識別の試み　第９回　舳倉島で観察されたモズ類．BIRDER　12（1）：66-69

真木広造・大西敏一、2000、日本の野鳥 590．平凡社，東京

渡辺修治（2005）考える識別・感じる識別　第 32 回　モズ類．BIRDER　19（12）：59-65

古市幸士・曽根俊二・遠山穎輔・岩田篤志（2010）セアカモズ *Lanius　collurio* の香川県初記録．日鳥学誌 59：189-193

堀本徹・渡部良樹（2014）神奈川県相模川におけるセアカモズ *Lanius collurio* の記録．日鳥学誌 63：329-336

日本鳥学会、2012、日本鳥類目録改訂第７版、日本鳥学会，三田

ネガフィルムの思い出５枚

1　偶然の１枚（マガン）

1975年10月26日（日）朝7時、膝までの流れを横切り中州へ渡る。カモを撮るため頭から布をすっぽり被りヒエの草薮に身を隠す。渡った時に飛び立ってしまったカモも徐々に降りて来るが、なにか気になるのか近くには来ない。

ようやく近くに来たハシビロガモを撮っていたら「バサッ」と大きな音がして何か降りた。そっと見ると肥えた鳥がいる。水の中に立っているのか腹から下は隠れているが「カモではないぞ…ガンだ」と慎重に3枚撮る。藪に入り1時間も経っていない。全く偶然の1枚で、わずかあれだけの距離でマガンを写すことはその後なく、そして生涯ないだろう。

マガン（幼鳥）　1975年10月26日

2　誤認した１枚（ハイイロヒレアシシギ）

坂東大橋の上流右岸の先に瀬が見え、岸まで下りてみるとシギが1羽いる。まだ冬羽のアカエリヒレアシシギだ。何か今着いたばかりの感じで、しきりに餌をあさっていたが、動作が緩慢なようで、飛んだ時もゆっくり羽ばたいてまた近くに降りた。「アカエリヒレアシシギは警戒心があまりない」ということなので、カメラを持ってそろりそろりと近づく。水草の生えた島状のところで羽繕いをしていたので、さらに近づいてみたが泳ぎ出してしまい、やむなく後ろ姿を写す。

できあがったプリントは、その嘴の付け根が黄色く、内陸ではアカエリヒレアシシギよりまれなハイイロヒレアシシギだった。

ハイイロヒレアシシギ（冬羽から夏羽に換羽中） 1976 年 5 月 2 日

3 祈りの通じた 1 枚（サルハマシギ）……撮影時の概要は、P123 参照。

サルハマシギ（幼羽） 1976 年 8 月 22 日

4　半信半疑の１枚（ノビタキ）

1976 年 1 月 6 日、砂利採取地片隅の土砂を寄せ集めた小山に見慣れない鳥がいた。砂山のてっぺんや所々に突き出た棒などから盛んにフライングキャッチを繰り返していて、時期と生息環境から、めったに見られない「サバクヒタキか？」とじっくり観察してみたが、どうもその類ではなく、半信半疑ながらノビタキだった。

ノビタキ　1976 年 1 月 6 日

5　夏羽の１枚（ツルシギ）

ツルシギ（夏羽）　1976 年 4 月 18 日（利根川・烏川合流点付近）

河川敷の移り変わりに伴う鳥の観察期間の変化について

1　ミサゴ

ワシ・タカの仲間は鳥のなかでも人気が高く、わけてもミサゴの主食は魚であるため、他のワシ・タカに比べ開けた場所に生息し観察も容易である。またその狩りは上空から狙いを定め、水面に急降下し足で魚を捕まえる。他の鳥には見られないその特異な生態と相まって、私にとってミサゴは憧れの鳥のひとつであった。

だからミサゴを初めて見た1976年10月17日のことは、もう40年以上前になってしまったが、よく覚えている。河川敷で自転車をこいでいると、上流より両翼を水平に保った鳥が私の方へ向かって来た。そこは図鑑で何度も見ているので、すぐにミサゴと分かった。そのまま川沿いに下流へ行ってしまい、あっけない出会いであったが、待望の初見に帰路のペダルは軽やかであった。

図表（P191参照）のとおり以降90年までに11回観察しているが、うち5回は10月の2週目（8日～14日）の観察である。当時体育の日は、東京オリンピックの開会式の日を記念して、10月10日であったが、私は年に一度のミサゴとの再会を期待し「ミサゴの日」と呼び、毎年ミサゴが来るのを河原で待っていたものだ。来るのは決まって上流からで、そのまま下流へ飛んで行ってしまうのが常で、戻って来たり上流へ向かうことはなかった。おそらく日本海側から河川を遡上し、三国山脈を越えて来たのではないだろうか。また、うち3回は川へ飛び込む姿が見られたが、魚を捕まえたところはなかなか見られなかった。それを初めて見たのは、初認から15年経った91年10月10日であった。以降は見られる頻度も高まり、さらに2003年以降は移動の時期である秋だけでなく、冬期にも観察されることが増え、多い時には同時に3羽見られることもあり、現在（2019年）に至っている。

これは各地で行われているサケの稚魚の放流などにより、魚が増えたこともあると思われるが、私は水量の減少により、上空から獲物が見える範囲が広がり、その捕獲率が格段に高まったことがミサゴを見る機会が増えた原因であると推測している。

2　ノスリ

ノスリを初めて観察したのは1978年2月26日で、当時の観察ノートには「あまり高くないところをコミミズクのようなのが飛ぶ。周りにはヒバリが集まっている…停飛した……ノスリだ。そのうち中州の流木に止まる。トビよりふた回りほど小さい。ほどなくしてまた飛び立つ。停飛から急降下。一瞬見失う。中州を捜すといた。周りにはヒバリがしつこく飛び回る。何か捕まえたらしい。足元に口をやり…赤い肉を口へ。ネズミか？5～6口で平らげた。ブルドーザーで土砂を押し上げて築いた小山の上に止まり、羽繕いでもするのかと思ったら、また飛び上がる。トビが2羽まとい付き、段々上へ。そして南の方へ飛んで行ってしまった」とある。その後継続して見られたかというと、84年までの6年間で観察されたのはわずか2回で、まだ十分餌がなかったものと思われる。

そして85年の12月中旬から「大州」を中心に付近でノスリが見られるようになり、年明けには2羽になる。以降毎年越冬するようになり、近年では多い時には坂東大橋から下流の島村渡船場にかけて7～8個体見られ、冬期ならいつでも見られる全くの普通種になってしまった（図表P193参照）。

これも水量の減少に伴い餌となる小動物の生息範囲が河川敷の中で広がり、それだけの個体数を養うだけの獲物がいるようになったためだと思う。

3　ウグイス

図1は、表1（P162）をグラフに表したものである。そして表1は、ウグイスの図表（P201）を基に、その観察（声によることが多い）回数（＝図表の着色数）を便宜上夏期（4月～9月）と冬期（10月～3月）の半年ごとに分けて集計し、その回数を年間の観察日数で除して、それぞれ期別に平均観察回数を求めたものである。（観察日数が年間を通して安定した1983年以降とした）

一般的にウグイスは、私の住んでいる伊勢崎市（平野部）では早春の鳥で、桜の咲いているころにはもう人家近くでその声を聞くことはほとんどない。利根川においては5月の連休あたりまで声を聞くこともあるが、それが夏まで及ぶことはまれであった。ところが図1のとおり2004年、05年には両期同回数となり、ついに06年には夏期の回数が冬期のそれを上回り逆転し、以降も同じ傾向が続いている。かつては秋から冬にかけて山

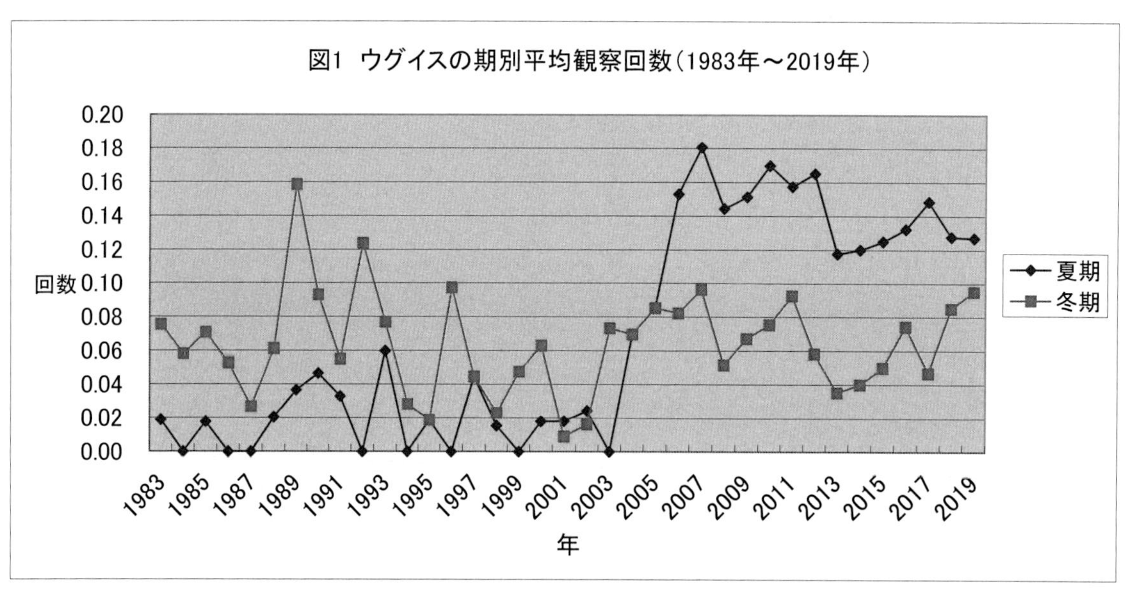

地や少し北の地方から平地に移動して来て冬を越し、春には再び山地や北へ帰ってゆく漂鳥であったが、一年中観察される留鳥となったことが見て取れる。（あくまでも河川敷だけの話で、自宅あたりでは漂鳥に変わりはない）

そしてそれは、ホトトギスの観察（声による）にも現れている。ホトトギスは主にウグ

イスに托卵（ウグイスの巣に卵を産み、抱卵・育雛をウグイスにしてもらう）する。ホトトギスの声を初めて聞いたのは 2011 年 6 月で、以降 16 年、17 年と聞き、19 年は 6 月、7 月と 2 回聞いている（P178 図表参照）。これはウグイスの声に誘われて、山地への移動途中に立ち寄ったものと思われる。

1994 年ごろまでは高水敷で牛を放していたが（写真 1）、それも途絶え、加えて河川利用者（主に釣り人）の高齢化による通行車両の減少は、高水敷での草・木の繁茂を促し（写真 2）、水路敷でも樹木の生育・生長が進行し、ウグイスが一年を通して生息できる環境が整ったことがうかがえる。

写真 1　1991 年 12 月 31 日 「グランド」左奥に牛が 2 頭いる。中央奥は榛名山。

写真 2　2018 年 12 月 30 日 「グランド」に枯草が残り、高水敷には樹木が茂る。

と、これでこの文は終えるつもりだったが、2019年10月の台風以降のことについて補足したい。

言うまでもないことだが、河川敷の中にできたウグイスの生息環境は、自然的・人為的な影響を受けやすく、不安定であることは否めない。

今回の台風による増水は、中州に生育していた竹や木々（P13写真6参照）の9割以上をなぎ倒してしまい、ウグイスの生息環境としては十分でないものとなってしまった（写真3）。

写真3　2019年12月22日　なぎ倒された中州の木々。左岸堤防が見通せる。

一方高水敷においては増水による樹木・篠竹・ススキなどへの影響はなかったが、防災上の観点から河川管理者は、それらをいつまでも放置しておくわけにはいかないようだ。写真4は、左岸「神社」下手の高水敷から低水路（際のところは、2mくらい土砂が堆積している）に繁茂したニセアカシア・篠竹などを伐採・撤去しているところで、右方の高水敷から左方の低水路へ落ち込む法面は、コンクリートと玉石で護岸（私が中学生だった1965年にはすでにあった）されているが、少しのすき間に初めは草本が侵入し、次にそこに芽生えたニセアカシアは、十数年経て直径20cm以上にまで生長している（写真5）。

今回の台風によるこのあたりの増水は、高水敷に数十cm水がかぶったくらいで、堤防の上（天端（てんば））までにはまだ3mは余裕がある。しかしながらこれらの木々を放置しておくと今後更なる増水があった場合、そこに流木などが引っかかり流水による圧力が加わったその力は強大で、コンクリート護岸の破壊・流失だけにとどまらず、堤防へ思わぬ被害を及ぼしかねず、それらを未然に防止するため、このように事前に樹木を伐採・除去することが今後も行われることと思われる。

こんな河川敷の生息環境が、外的要因により不変でないのはいたしかたない。もっとも、なぎ倒された中州のヤナギはひとまず新しい葉を出し、竹や篠竹も地下茎が残っているので、数年で復活はすることと思う。

写真 4　2019 年 12 月 22 日　護岸された法面と伐採された木々の跡。
法面は、亀裂が入り破断している。

写真 5　2019 年 12 月 22 日　伐採されたニセアカシア、樹齢は 14 年くらい。

表1 ウグイスの期別平均観察回数(1983年～2019年)

項目 / 年	夏期(4月～9月)			冬期(10月～3月)		
	観察回数	観察日数	平均観察回数	観察回数	観察日数	平均観察回数
1983	1	53	0.02	4	53	0.08
1984	0	86	0.00	5	86	0.06
1985	2	113	0.02	8	113	0.07
1986	0	95	0.00	5	95	0.05
1987	0	75	0.00	2	75	0.03
1988	2	98	0.02	6	98	0.06
1989	3	82	0.04	13	82	0.16
1990	4	86	0.05	8	86	0.09
1991	3	91	0.03	5	91	0.05
1992	0	105	0.00	13	105	0.12
1993	7	117	0.06	9	117	0.08
1994	0	106	0.00	3	106	0.03
1995	2	107	0.02	2	107	0.02
1996	0	113	0.00	11	113	0.10
1997	5	112	0.04	5	112	0.04
1998	2	130	0.02	3	130	0.02
1999	0	105	0.00	5	105	0.05
2000	2	111	0.02	7	111	0.06
2001	2	110	0.02	1	110	0.01
2002	3	123	0.02	2	123	0.02
2003	0	109	0.00	8	109	0.07
2004	6	86	0.07	6	86	0.07
2005	7	82	0.09	7	82	0.09
2006	13	85	0.15	7	85	0.08
2007	15	83	0.18	8	83	0.10
2008	14	97	0.14	5	97	0.05
2009	18	119	0.15	8	119	0.07
2010	18	106	0.17	8	106	0.08
2011	17	108	0.16	10	108	0.09
2012	17	103	0.17	6	103	0.06
2013	20	170	0.12	6	170	0.04
2014	15	125	0.12	5	125	0.04
2015	15	120	0.13	6	120	0.05
2016	16	121	0.13	9	121	0.07
2017	19	128	0.15	6	128	0.05
2018	18	141	0.13	12	141	0.09
2019	16	126	0.13	12	126	0.10

＊平均観察回数は、小数点第3位以下を四捨五入し、小数点以下2位表示。

図表編

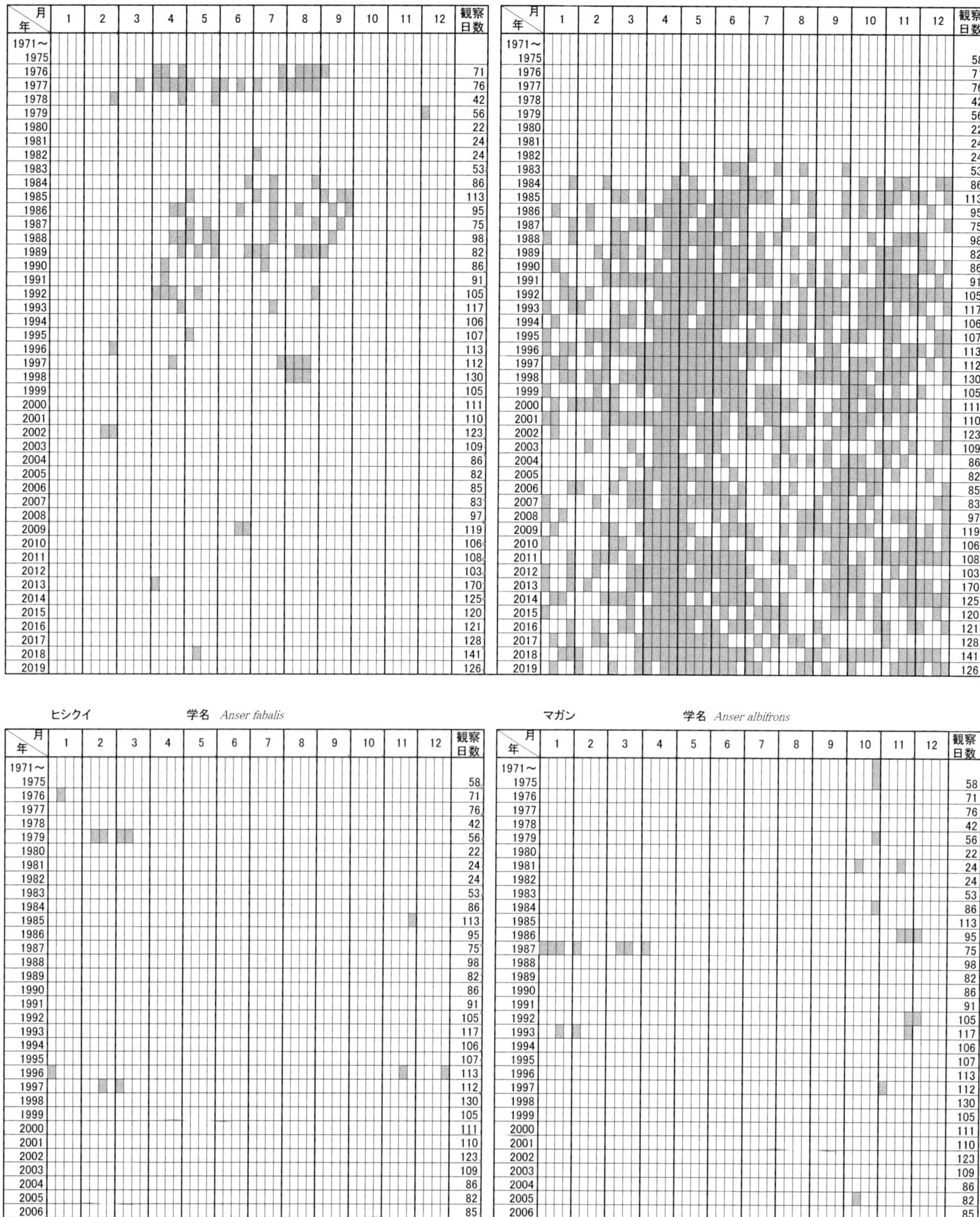

ウズラ　学名 *Coturnix japonica*

年＼月	1	2	3	4	5	6	7	8	9	10	11	12	観察日数
1971～1975													
1976													71
1977													76
1978													42
1979													56
1980													22
1981													24
1982													24
1983													53
1984													86
1985													113
1986													95
1987													75
1988													98
1989													82
1990													86
1991													91
1992													105
1993													117
1994													106
1995													107
1996													113
1997													112
1998													130
1999													105
2000													111
2001													110
2002													123
2003													109
2004													86
2005													82
2006													85
2007													83
2008													97
2009													119
2010													106
2011													108
2012													103
2013													170
2014													125
2015													120
2016													121
2017													128
2018													141
2019													126

キジ　学名 *Phasianus colchicus*

年＼月	1	2	3	4	5	6	7	8	9	10	11	12	観察日数
1971～1975													58
1976													71
1977													76
1978													42
1979													56
1980													22
1981													24
1982													24
1983													53
1984													86
1985													113
1986													95
1987													75
1988													98
1989													82
1990													86
1991													91
1992													105
1993													117
1994													106
1995													107
1996													113
1997													112
1998													130
1999													105
2000													111
2001													110
2002													123
2003													109
2004													86
2005													82
2006													85
2007													83
2008													97
2009													119
2010													106
2011													108
2012													103
2013													170
2014													125
2015													120
2016													121
2017													128
2018													141
2019													126

ヒシクイ　学名 *Anser fabalis*

年＼月	1	2	3	4	5	6	7	8	9	10	11	12	観察日数
1971～1975													58
1976													71
1977													76
1978													42
1979													56
1980													22
1981													24
1982													24
1983													53
1984													86
1985													113
1986													95
1987													75
1988													98
1989													82
1990													86
1991													91
1992													105
1993													117
1994													106
1995													107
1996													113
1997													112
1998													130
1999													105
2000													111
2001													110
2002													123
2003													109
2004													86
2005													82
2006													85
2007													83
2008													97
2009													119
2010													106
2011													108
2012													103
2013													170
2014													125
2015													120
2016													121
2017													128
2018													141
2019													126

マガン　学名 *Anser albifrons*

年＼月	1	2	3	4	5	6	7	8	9	10	11	12	観察日数
1971～1975													58
1976													71
1977													76
1978													42
1979													56
1980													22
1981													24
1982													24
1983													53
1984													86
1985													113
1986													95
1987													75
1988													98
1989													82
1990													86
1991													91
1992													105
1993													117
1994													106
1995													107
1996													113
1997													112
1998													130
1999													105
2000													111
2001													110
2002													123
2003													109
2004													86
2005													82
2006													85
2007													83
2008													97
2009													119
2010													106
2011													108
2012													103
2013													170
2014													125
2015													120
2016													121
2017													128
2018													141
2019													126

コブハクチョウ　　学名 *Cygnus olor*

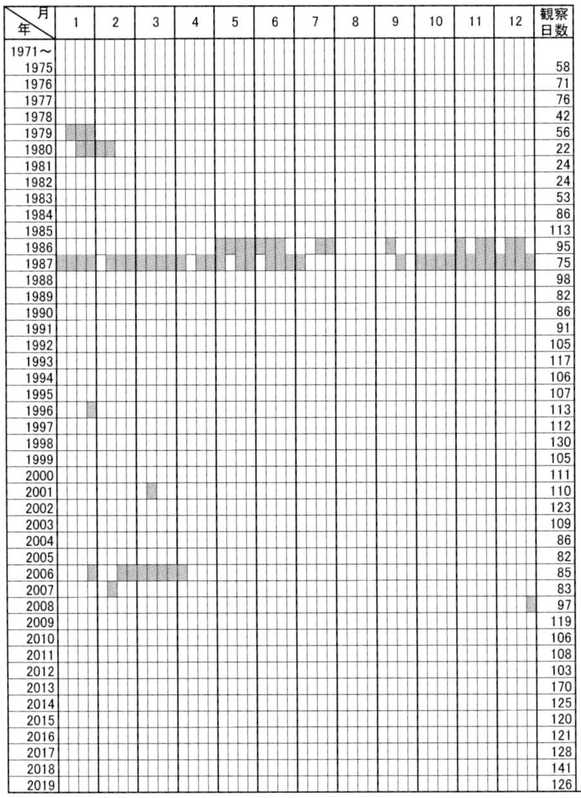

年＼月	1	2	3	4	5	6	7	8	9	10	11	12	観察日数
1971～1975													58
1976													71
1977													76
1978													42
1979													56
1980													22
1981													24
1982													24
1983													53
1984													86
1985													113
1986													95
1987													75
1988													98
1989													82
1990													86
1991													91
1992													105
1993													117
1994													106
1995													107
1996													113
1997													112
1998													130
1999													105
2000													111
2001													110
2002													123
2003													109
2004													86
2005													82
2006													85
2007													83
2008													97
2009													119
2010													106
2011													108
2012													103
2013													170
2014													125
2015													120
2016													121
2017													128
2018													141
2019													126

コハクチョウ　　学名 *Cygnus columbianus*

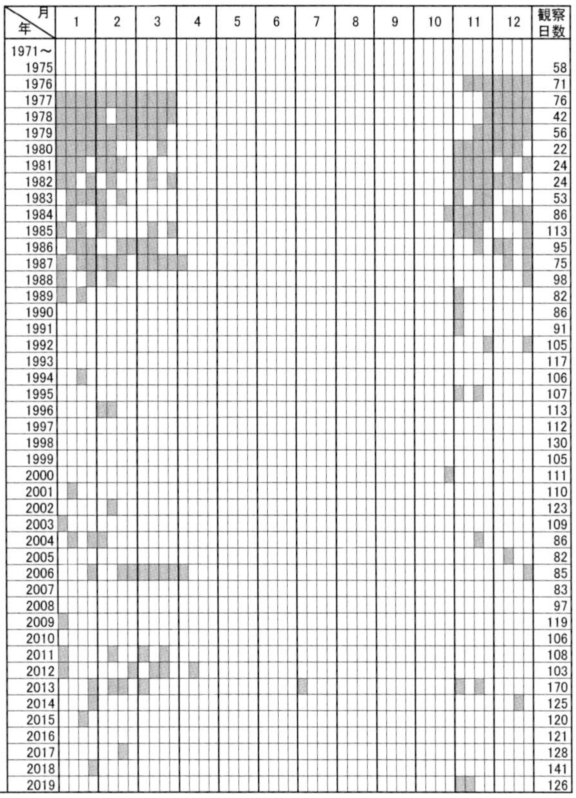

年＼月	1	2	3	4	5	6	7	8	9	10	11	12	観察日数
1971～1975													58
1976													71
1977													76
1978													42
1979													56
1980													22
1981													24
1982													24
1983													53
1984													86
1985													113
1986													95
1987													75
1988													98
1989													82
1990													86
1991													91
1992													105
1993													117
1994													106
1995													107
1996													113
1997													112
1998													130
1999													105
2000													111
2001													110
2002													123
2003													109
2004													86
2005													82
2006													85
2007													83
2008													97
2009													119
2010													106
2011													108
2012													103
2013													170
2014													125
2015													120
2016													121
2017													128
2018													141
2019													126

オオハクチョウ　　学名 *Cygnus cygnus*

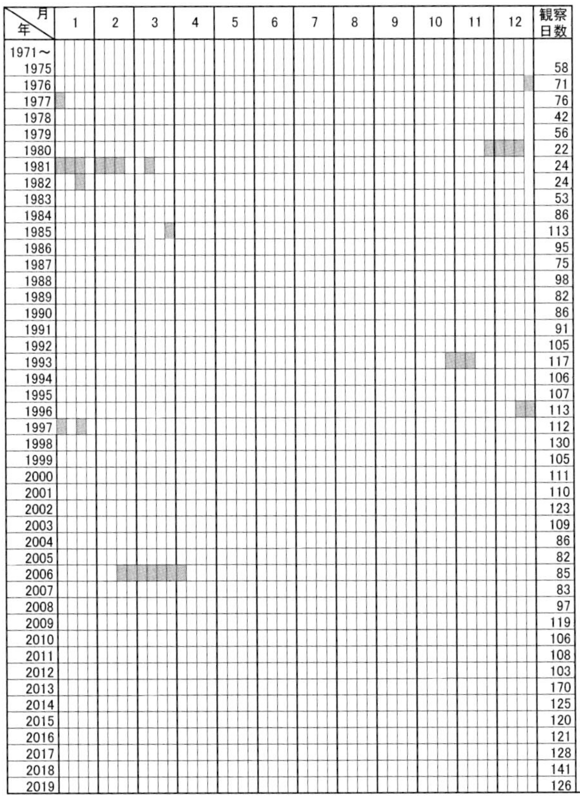

年＼月	1	2	3	4	5	6	7	8	9	10	11	12	観察日数
1971～1975													58
1976													71
1977													76
1978													42
1979													56
1980													22
1981													24
1982													24
1983													53
1984													86
1985													113
1986													95
1987													75
1988													98
1989													82
1990													86
1991													91
1992													105
1993													117
1994													106
1995													107
1996													113
1997													112
1998													130
1999													105
2000													111
2001													110
2002													123
2003													109
2004													86
2005													82
2006													85
2007													83
2008													97
2009													119
2010													106
2011													108
2012													103
2013													170
2014													125
2015													120
2016													121
2017													128
2018													141
2019													126

ツクシガモ　　学名 *Tadorna tadorna*

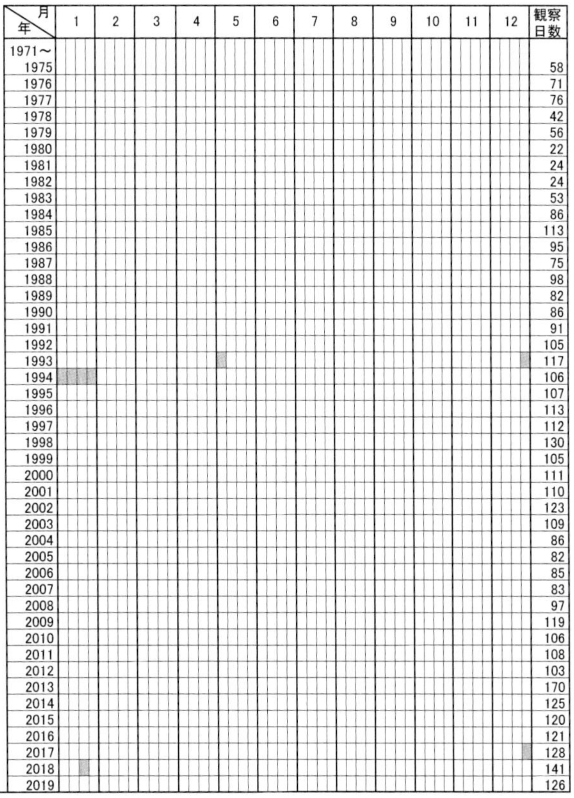

年＼月	1	2	3	4	5	6	7	8	9	10	11	12	観察日数
1971～1975													58
1976													71
1977													76
1978													42
1979													56
1980													22
1981													24
1982													24
1983													53
1984													86
1985													113
1986													95
1987													75
1988													98
1989													82
1990													86
1991													91
1992													105
1993													117
1994													106
1995													107
1996													113
1997													112
1998													130
1999													105
2000													111
2001													110
2002													123
2003													109
2004													86
2005													82
2006													85
2007													83
2008													97
2009													119
2010													106
2011													108
2012													103
2013													170
2014													125
2015													120
2016													121
2017													128
2018													141
2019													126

オシドリ　　学名 *Aix galericulata*

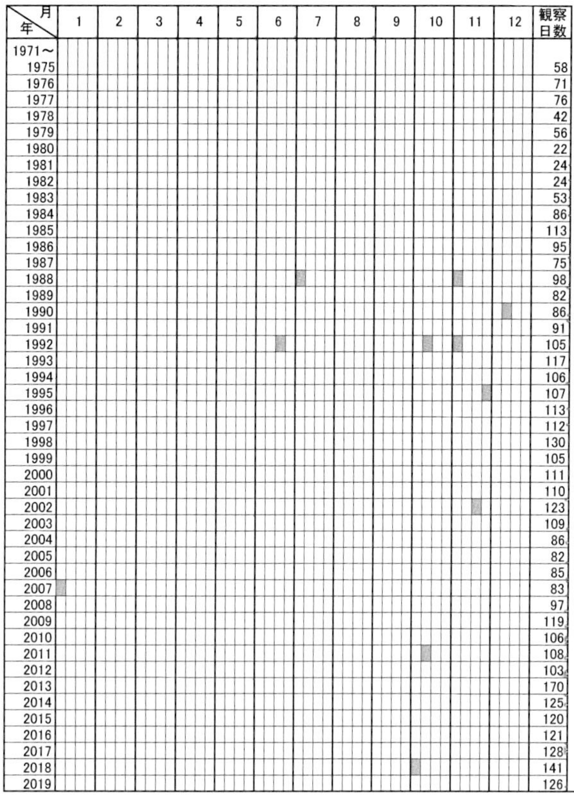

年＼月	1	2	3	4	5	6	7	8	9	10	11	12	観察日数
1971～1975													58
1976													71
1977													76
1978													42
1979													56
1980													22
1981													24
1982													24
1983													53
1984													86
1985													113
1986													95
1987													75
1988													98
1989													82
1990													86
1991													91
1992													105
1993													117
1994													106
1995													107
1996													113
1997													112
1998													130
1999													105
2000													111
2001													110
2002													123
2003													109
2004													86
2005													82
2006													85
2007													83
2008													97
2009													119
2010													106
2011													108
2012													103
2013													170
2014													125
2015													120
2016													121
2017													128
2018													141
2019													126

オカヨシガモ　　学名 *Anas strepera*

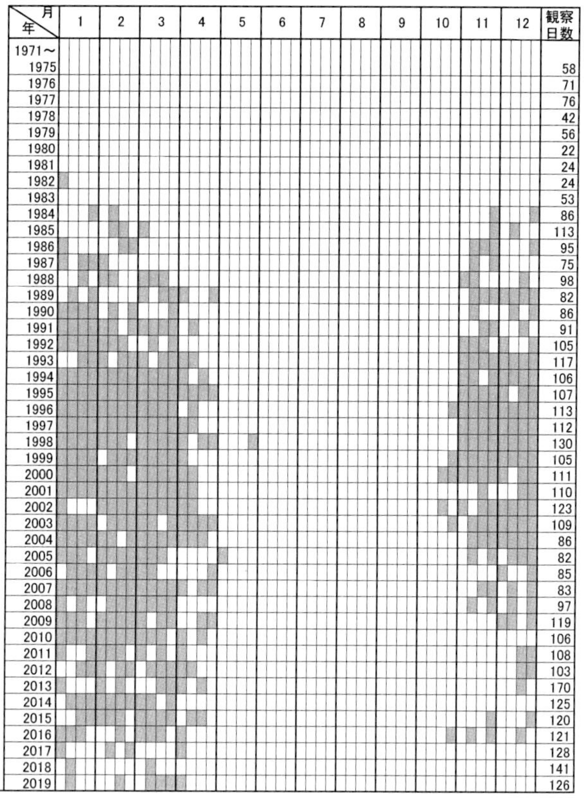

年＼月	1	2	3	4	5	6	7	8	9	10	11	12	観察日数
1971～1975													58
1976													71
1977													76
1978													42
1979													56
1980													22
1981													24
1982													24
1983													53
1984													86
1985													113
1986													95
1987													75
1988													98
1989													82
1990													86
1991													91
1992													105
1993													117
1994													106
1995													107
1996													113
1997													112
1998													130
1999													105
2000													111
2001													110
2002													123
2003													109
2004													86
2005													82
2006													85
2007													83
2008													97
2009													119
2010													106
2011													108
2012													103
2013													170
2014													125
2015													120
2016													121
2017													128
2018													141
2019													126

ヨシガモ　　学名 *Anas falcata*

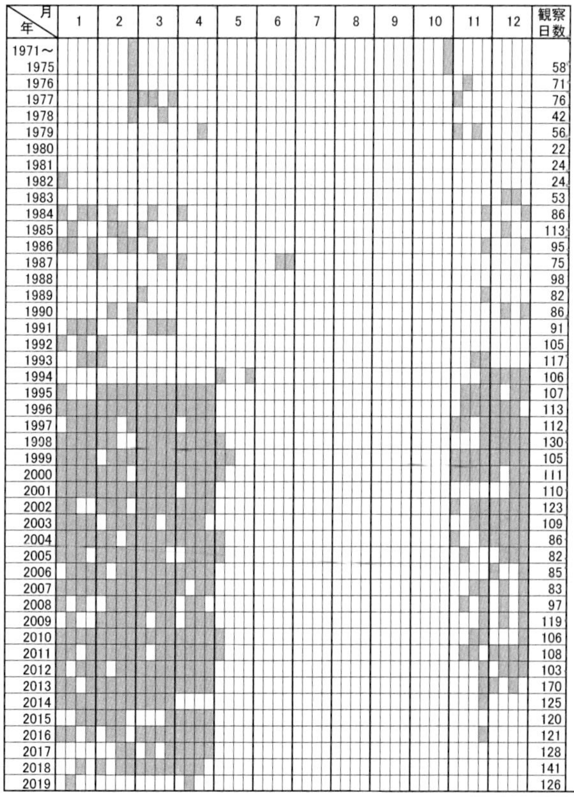

年＼月	1	2	3	4	5	6	7	8	9	10	11	12	観察日数
1971～1975													58
1976													71
1977													76
1978													42
1979													56
1980													22
1981													24
1982													24
1983													53
1984													86
1985													113
1986													95
1987													75
1988													98
1989													82
1990													86
1991													91
1992													105
1993													117
1994													106
1995													107
1996													113
1997													112
1998													130
1999													105
2000													111
2001													110
2002													123
2003													109
2004													86
2005													82
2006													85
2007													83
2008													97
2009													119
2010													106
2011													108
2012													103
2013													170
2014													125
2015													120
2016													121
2017													128
2018													141
2019													126

ヒドリガモ　　学名 *Anas penelope*

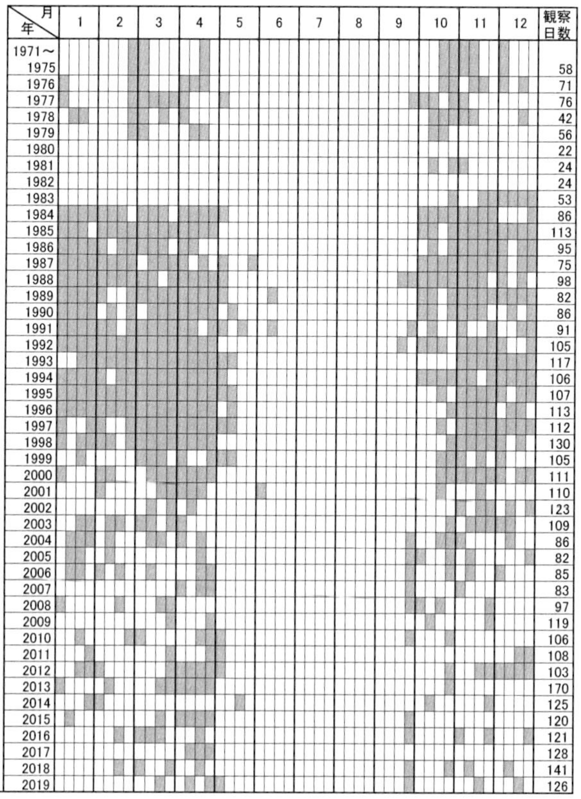

年＼月	1	2	3	4	5	6	7	8	9	10	11	12	観察日数
1971～1975													58
1976													71
1977													76
1978													42
1979													56
1980													22
1981													24
1982													24
1983													53
1984													86
1985													113
1986													95
1987													75
1988													98
1989													82
1990													86
1991													91
1992													105
1993													117
1994													106
1995													107
1996													113
1997													112
1998													130
1999													105
2000													111
2001													110
2002													123
2003													109
2004													86
2005													82
2006													85
2007													83
2008													97
2009													119
2010													106
2011													108
2012													103
2013													170
2014													125
2015													120
2016													121
2017													128
2018													141
2019													126

アメリカヒドリ　学名 *Anas americana*

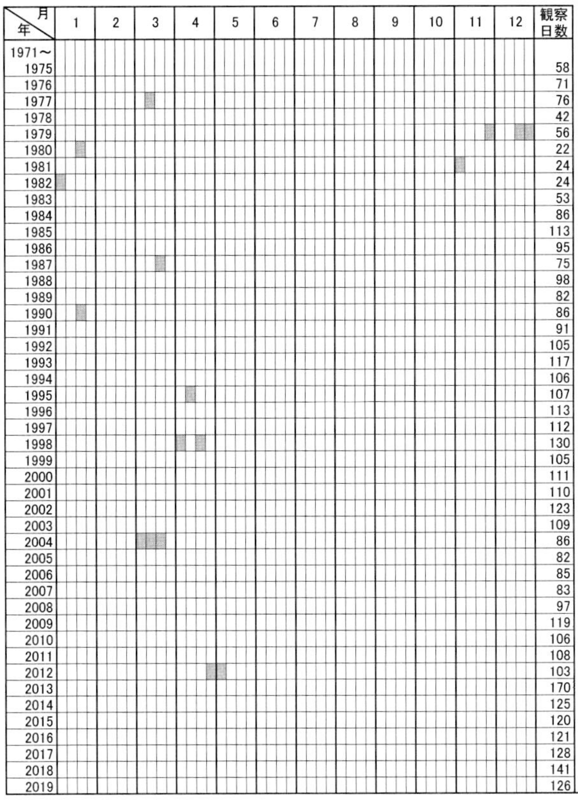

年＼月	1	2	3	4	5	6	7	8	9	10	11	12	観察日数
1971～1975													58
1976													71
1977													76
1978													42
1979													56
1980													22
1981													24
1982													24
1983													53
1984													86
1985													113
1986													95
1987													75
1988													98
1989													82
1990													86
1991													91
1992													105
1993													117
1994													106
1995													107
1996													113
1997													112
1998													130
1999													105
2000													111
2001													110
2002													123
2003													109
2004													86
2005													82
2006													85
2007													83
2008													97
2009													119
2010													106
2011													108
2012													103
2013													170
2014													125
2015													120
2016													121
2017													128
2018													141
2019													126

マガモ　学名 *Anas platyrhynchos*

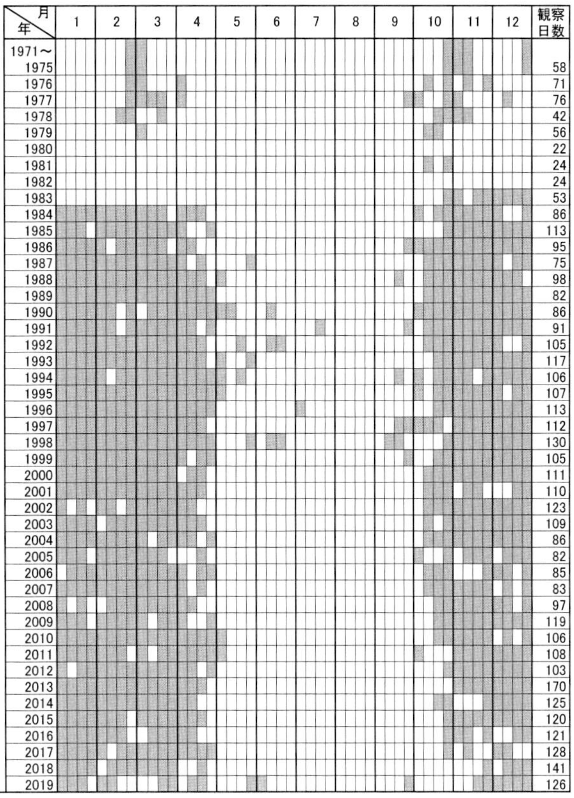

年＼月	1	2	3	4	5	6	7	8	9	10	11	12	観察日数
1971～1975													58
1976													71
1977													76
1978													42
1979													56
1980													22
1981													24
1982													24
1983													53
1984													86
1985													113
1986													95
1987													75
1988													98
1989													82
1990													86
1991													91
1992													105
1993													117
1994													106
1995													107
1996													113
1997													112
1998													130
1999													105
2000													111
2001													110
2002													123
2003													109
2004													86
2005													82
2006													85
2007													83
2008													97
2009													119
2010													106
2011													108
2012													103
2013													170
2014													125
2015													120
2016													121
2017													128
2018													141
2019													126

カルガモ　学名 *Anas zonorhyncha*

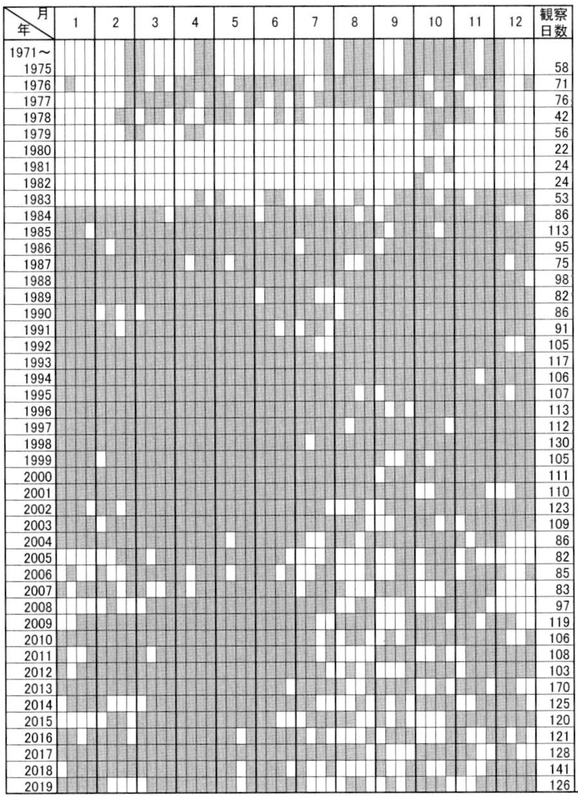

年＼月	1	2	3	4	5	6	7	8	9	10	11	12	観察日数
1971～1975													58
1976													71
1977													76
1978													42
1979													56
1980													22
1981													24
1982													24
1983													53
1984													86
1985													113
1986													95
1987													75
1988													98
1989													82
1990													86
1991													91
1992													105
1993													117
1994													106
1995													107
1996													113
1997													112
1998													130
1999													105
2000													111
2001													110
2002													123
2003													109
2004													86
2005													82
2006													85
2007													83
2008													97
2009													119
2010													106
2011													108
2012													103
2013													170
2014													125
2015													120
2016													121
2017													128
2018													141
2019													126

ハシビロガモ　学名 *Anas clypeata*

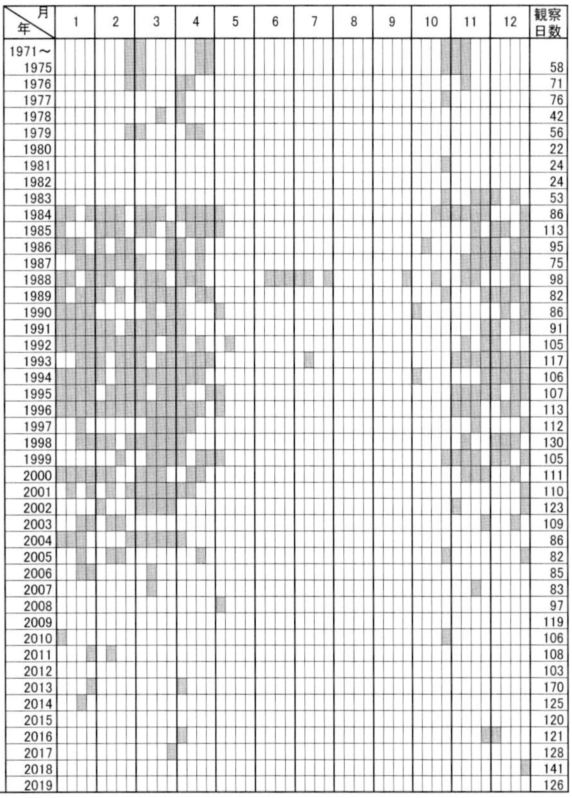

年＼月	1	2	3	4	5	6	7	8	9	10	11	12	観察日数
1971～1975													58
1976													71
1977													76
1978													42
1979													56
1980													22
1981													24
1982													24
1983													53
1984													86
1985													113
1986													95
1987													75
1988													98
1989													82
1990													86
1991													91
1992													105
1993													117
1994													106
1995													107
1996													113
1997													112
1998													130
1999													105
2000													111
2001													110
2002													123
2003													109
2004													86
2005													82
2006													85
2007													83
2008													97
2009													119
2010													106
2011													108
2012													103
2013													170
2014													125
2015													120
2016													121
2017													128
2018													141
2019													126

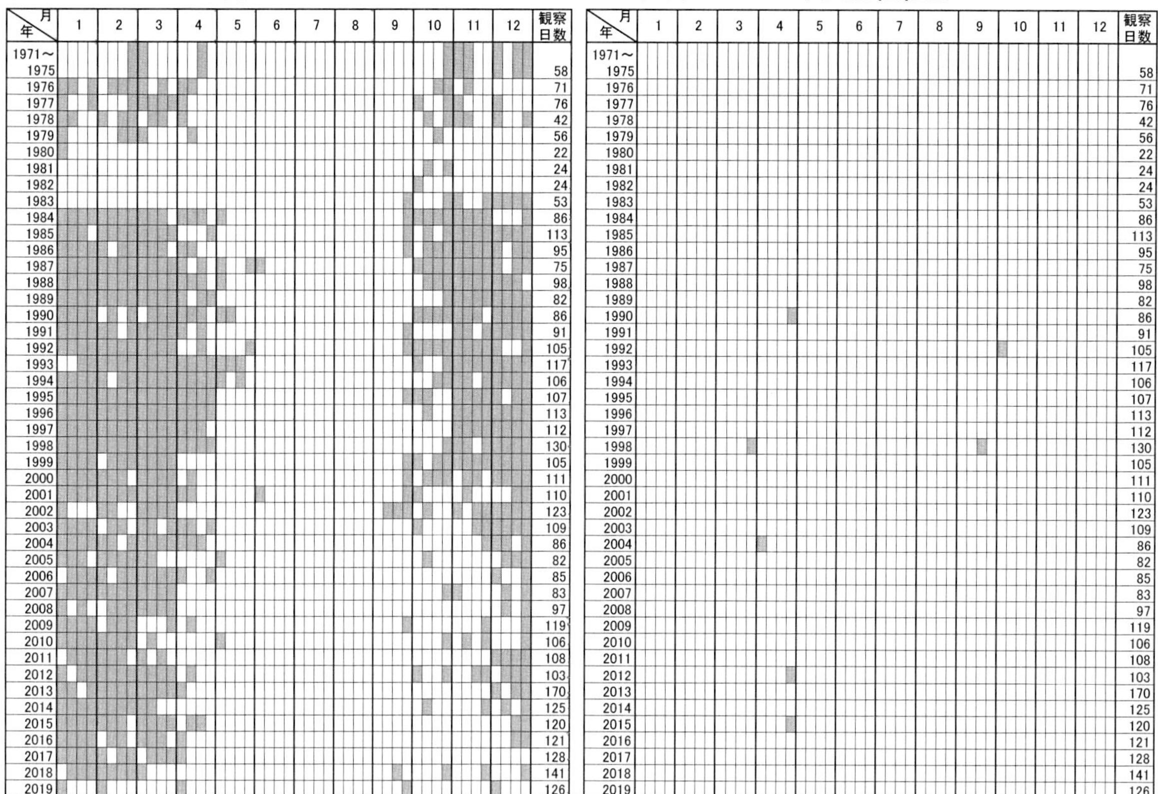

オナガガモ　　学名 *Anas acuta*

年＼月	1	2	3	4	5	6	7	8	9	10	11	12	観察日数
1971～1975													58
1976													71
1977													76
1978													42
1979													56
1980													22
1981													24
1982													24
1983													53
1984													86
1985													113
1986													95
1987													75
1988													98
1989													82
1990													86
1991													91
1992													105
1993													117
1994													106
1995													107
1996													113
1997													112
1998													130
1999													105
2000													111
2001													110
2002													123
2003													109
2004													86
2005													82
2006													85
2007													83
2008													97
2009													119
2010													106
2011													108
2012													103
2013													170
2014													125
2015													120
2016													121
2017													128
2018													141
2019													126

シマアジ　　学名 *Anas querquedula*

年＼月	1	2	3	4	5	6	7	8	9	10	11	12	観察日数
1971～1975													58
1976													71
1977													76
1978													42
1979													56
1980													22
1981													24
1982													24
1983													53
1984													86
1985													113
1986													95
1987													75
1988													98
1989													82
1990													86
1991													91
1992													105
1993													117
1994													106
1995													107
1996													113
1997													112
1998													130
1999													105
2000													111
2001													110
2002													123
2003													109
2004													86
2005													82
2006													85
2007													83
2008													97
2009													119
2010													106
2011													108
2012													103
2013													170
2014													125
2015													120
2016													121
2017													128
2018													141
2019													126

トモエガモ　　学名 *Anas formosa*

年＼月	1	2	3	4	5	6	7	8	9	10	11	12	観察日数
1971～1975													58
1976													71
1977													76
1978													42
1979													56
1980													22
1981													24
1982													24
1983													53
1984													86
1985													113
1986													95
1987													75
1988													98
1989													82
1990													86
1991													91
1992													105
1993													117
1994													106
1995													107
1996													113
1997													112
1998													130
1999													105
2000													111
2001													110
2002													123
2003													109
2004													86
2005													82
2006													85
2007													83
2008													97
2009													119
2010													106
2011													108
2012													103
2013													170
2014													125
2015													120
2016													121
2017													128
2018													141
2019													126

コガモ　　学名 *Anas crecca*

年＼月	1	2	3	4	5	6	7	8	9	10	11	12	観察日数
1971～1975													58
1976													71
1977													76
1978													42
1979													56
1980													22
1981													24
1982													24
1983													53
1984													86
1985													113
1986													95
1987													75
1988													98
1989													82
1990													86
1991													91
1992													105
1993													117
1994													106
1995													107
1996													113
1997													112
1998													130
1999													105
2000													111
2001													110
2002													123
2003													109
2004													86
2005													82
2006													85
2007													83
2008													97
2009													119
2010													106
2011													108
2012													103
2013													170
2014													125
2015													120
2016													121
2017													128
2018													141
2019													126

アメリカコガモ　学名 *A. c.carolinensis*

年＼月	1	2	3	4	5	6	7	8	9	10	11	12	観察日数
1971～1975													58
1976													71
1977													76
1978													42
1979													56
1980													22
1981													24
1982													24
1983													53
1984													86
1985													113
1986													95
1987													75
1988													98
1989													82
1990													86
1991													91
1992													105
1993													117
1994													106
1995													107
1996													113
1997													112
1998													130
1999													105
2000													111
2001													110
2002													123
2003													109
2004													86
2005													82
2006													85
2007													83
2008													97
2009													119
2010													106
2011													108
2012													103
2013													170
2014													125
2015													120
2016													121
2017													128
2018													141
2019													126

ホシハジロ　学名 *Aythya ferina*

年＼月	1	2	3	4	5	6	7	8	9	10	11	12	観察日数
1971～1975													58
1976													71
1977													76
1978													42
1979													56
1980													22
1981													24
1982													24
1983													53
1984													86
1985													113
1986													95
1987													75
1988													98
1989													82
1990													86
1991													91
1992													105
1993													117
1994													106
1995													107
1996													113
1997													112
1998													130
1999													105
2000													111
2001													110
2002													123
2003													109
2004													86
2005													82
2006													85
2007													83
2008													97
2009													119
2010													106
2011													108
2012													103
2013													170
2014													125
2015													120
2016													121
2017													128
2018													141
2019													126

アカハジロ　学名 *Aythya baeri*

年＼月	1	2	3	4	5	6	7	8	9	10	11	12	観察日数
1971～1975													58
1976													71
1977													76
1978													42
1979													56
1980													22
1981													24
1982													24
1983													53
1984													86
1985													113
1986													95
1987													75
1988													98
1989													82
1990													86
1991													91
1992													105
1993													117
1994													106
1995													107
1996													113
1997													112
1998													130
1999													105
2000													111
2001													110
2002													123
2003													109
2004													86
2005													82
2006													85
2007													83
2008													97
2009													119
2010													106
2011													108
2012													103
2013													170
2014													125
2015													120
2016													121
2017													128
2018													141
2019													126

キンクロハジロ　学名 *Aythya fuligula*

年＼月	1	2	3	4	5	6	7	8	9	10	11	12	観察日数
1971～1975													58
1976													71
1977													76
1978													42
1979													56
1980													22
1981													24
1982													24
1983													53
1984													86
1985													113
1986													95
1987													75
1988													98
1989													82
1990													86
1991													91
1992													105
1993													117
1994													106
1995													107
1996													113
1997													112
1998													130
1999													105
2000													111
2001													110
2002													123
2003													109
2004													86
2005													82
2006													85
2007													83
2008													97
2009													119
2010													106
2011													108
2012													103
2013													170
2014													125
2015													120
2016													121
2017													128
2018													141
2019													126

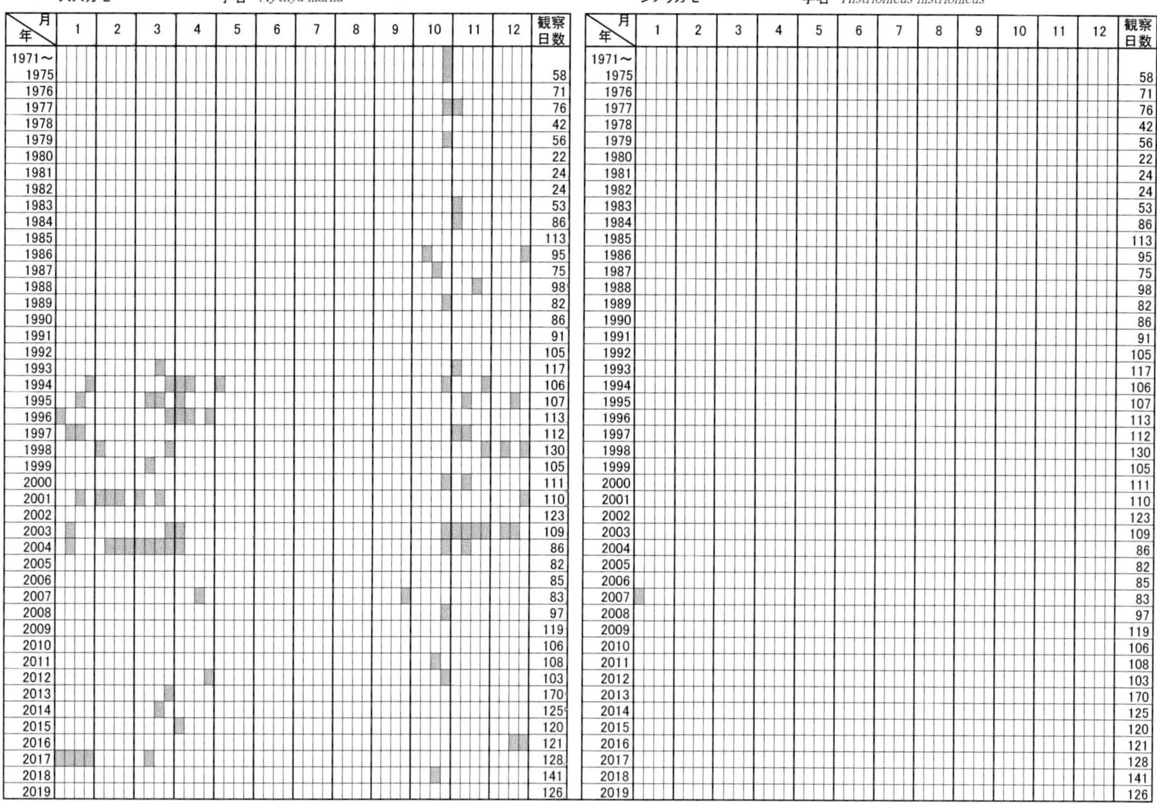

スズガモ　学名 *Aythya marila*

年＼月	1	2	3	4	5	6	7	8	9	10	11	12	観察日数
1971～1975													58
1976													71
1977													76
1978													42
1979													56
1980													22
1981													24
1982													24
1983													53
1984													86
1985													113
1986													95
1987													75
1988													98
1989													82
1990													86
1991													91
1992													105
1993													117
1994													106
1995													107
1996													113
1997													112
1998													130
1999													105
2000													111
2001													110
2002													123
2003													109
2004													86
2005													82
2006													85
2007													83
2008													97
2009													119
2010													106
2011													108
2012													103
2013													170
2014													125
2015													120
2016													121
2017													128
2018													141
2019													126

シノリガモ　学名 *Histrionicus histrionicus*

年＼月	1	2	3	4	5	6	7	8	9	10	11	12	観察日数
1971～1975													58
1976													71
1977													76
1978													42
1979													56
1980													22
1981													24
1982													24
1983													53
1984													86
1985													113
1986													95
1987													75
1988													98
1989													82
1990													86
1991													91
1992													105
1993													117
1994													106
1995													107
1996													113
1997													112
1998													130
1999													105
2000													111
2001													110
2002													123
2003													109
2004													86
2005													82
2006													85
2007													83
2008													97
2009													119
2010													106
2011													108
2012													103
2013													170
2014													125
2015													120
2016													121
2017													128
2018													141
2019													126

クロガモ　学名 *Melanitta americana*

年＼月	1	2	3	4	5	6	7	8	9	10	11	12	観察日数
1971～1975													58
1976													71
1977													76
1978													42
1979													56
1980													22
1981													24
1982													24
1983													53
1984													86
1985													113
1986													95
1987													75
1988													98
1989													82
1990													86
1991													91
1992													105
1993													117
1994													106
1995													107
1996													113
1997													112
1998													130
1999													105
2000													111
2001													110
2002													123
2003													109
2004													86
2005													82
2006													85
2007													83
2008													97
2009													119
2010													106
2011													108
2012													103
2013													170
2014													125
2015													120
2016													121
2017													128
2018													141
2019													126

ホオジロガモ　学名 *Bucephala clangula*

年＼月	1	2	3	4	5	6	7	8	9	10	11	12	観察日数
1971～1975													58
1976													71
1977													76
1978													42
1979													56
1980													22
1981													24
1982													24
1983													53
1984													86
1985													113
1986													95
1987													75
1988													98
1989													82
1990													86
1991													91
1992													105
1993													117
1994													106
1995													107
1996													113
1997													112
1998													130
1999													105
2000													111
2001													110
2002													123
2003													109
2004													86
2005													82
2006													85
2007													83
2008													97
2009													119
2010													106
2011													108
2012													103
2013													170
2014													125
2015													120
2016													121
2017													128
2018													141
2019													126

ミコアイサ　　学名 *Mergellus albellus*

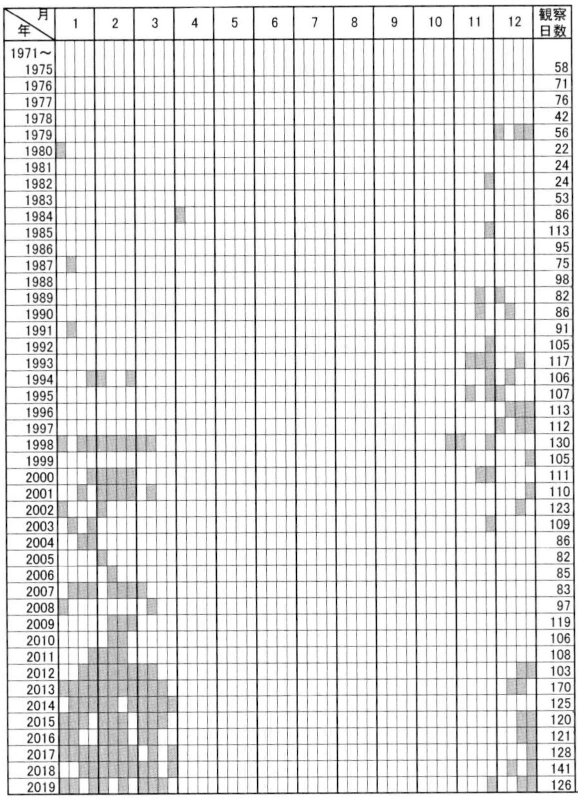

年＼月	1	2	3	4	5	6	7	8	9	10	11	12	観察日数
1971～1975													58
1976													71
1977													76
1978													42
1979													56
1980													22
1981													24
1982													24
1983													53
1984													86
1985													113
1986													95
1987													75
1988													98
1989													82
1990													86
1991													91
1992													105
1993													117
1994													106
1995													107
1996													113
1997													112
1998													130
1999													105
2000													111
2001													110
2002													123
2003													109
2004													86
2005													82
2006													85
2007													83
2008													97
2009													119
2010													106
2011													108
2012													103
2013													170
2014													125
2015													120
2016													121
2017													128
2018													141
2019													126

カワアイサ　　学名 *Mergus merganser*

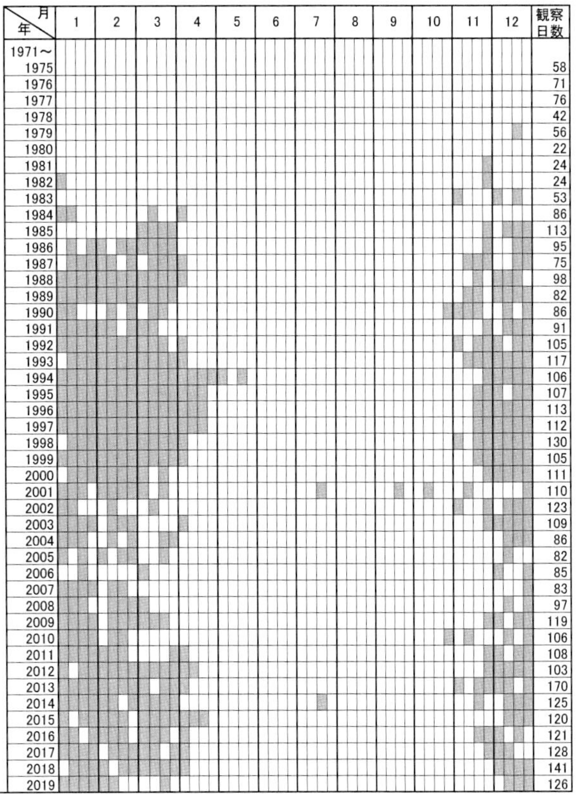

年＼月	1	2	3	4	5	6	7	8	9	10	11	12	観察日数
1971～1975													58
1976													71
1977													76
1978													42
1979													56
1980													22
1981													24
1982													24
1983													53
1984													86
1985													113
1986													95
1987													75
1988													98
1989													82
1990													86
1991													91
1992													105
1993													117
1994													106
1995													107
1996													113
1997													112
1998													130
1999													105
2000													111
2001													110
2002													123
2003													109
2004													86
2005													82
2006													85
2007													83
2008													97
2009													119
2010													106
2011													108
2012													103
2013													170
2014													125
2015													120
2016													121
2017													128
2018													141
2019													126

ウミアイサ　　学名 *Mergus serrator*

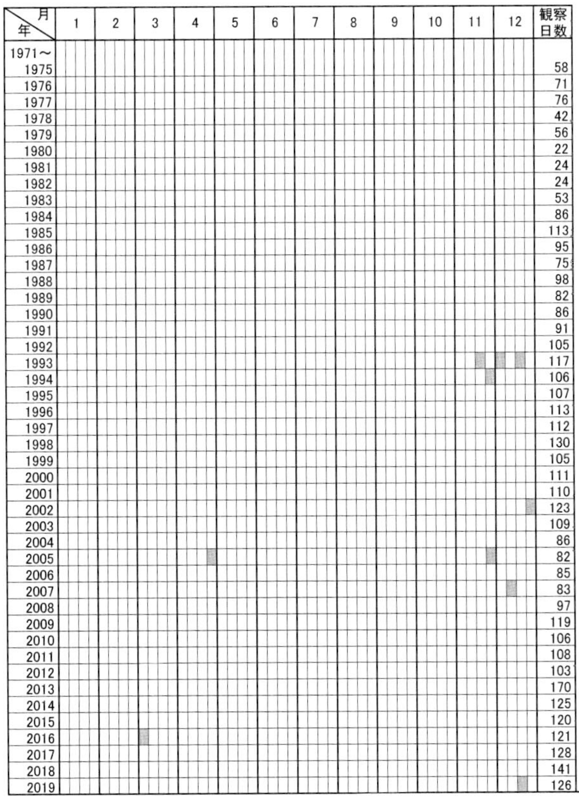

年＼月	1	2	3	4	5	6	7	8	9	10	11	12	観察日数
1971～1975													58
1976													71
1977													76
1978													42
1979													56
1980													22
1981													24
1982													24
1983													53
1984													86
1985													113
1986													95
1987													75
1988													98
1989													82
1990													86
1991													91
1992													105
1993													117
1994													106
1995													107
1996													113
1997													112
1998													130
1999													105
2000													111
2001													110
2002													123
2003													109
2004													86
2005													82
2006													85
2007													83
2008													97
2009													119
2010													106
2011													108
2012													103
2013													170
2014													125
2015													120
2016													121
2017													128
2018													141
2019													126

カイツブリ　　学名 *Tachybaptus ruficollis*

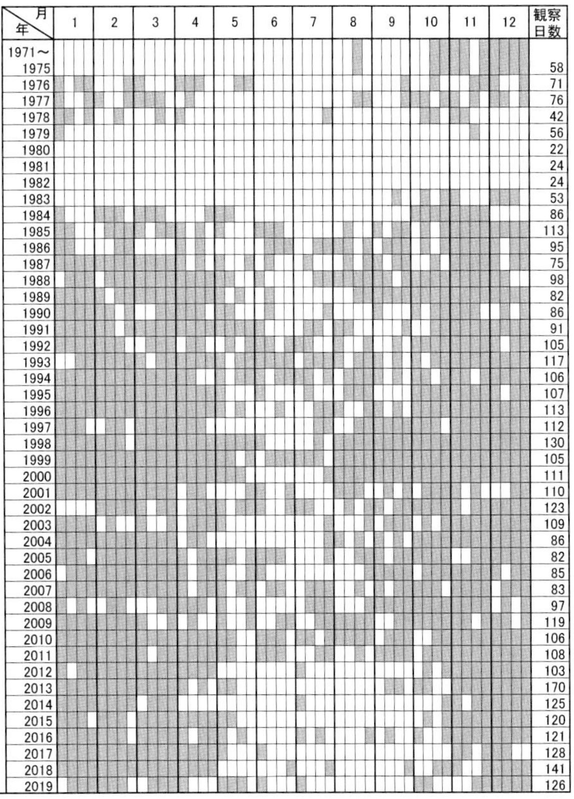

年＼月	1	2	3	4	5	6	7	8	9	10	11	12	観察日数
1971～1975													58
1976													71
1977													76
1978													42
1979													56
1980													22
1981													24
1982													24
1983													53
1984													86
1985													113
1986													95
1987													75
1988													98
1989													82
1990													86
1991													91
1992													105
1993													117
1994													106
1995													107
1996													113
1997													112
1998													130
1999													105
2000													111
2001													110
2002													123
2003													109
2004													86
2005													82
2006													85
2007													83
2008													97
2009													119
2010													106
2011													108
2012													103
2013													170
2014													125
2015													120
2016													121
2017													128
2018													141
2019													126

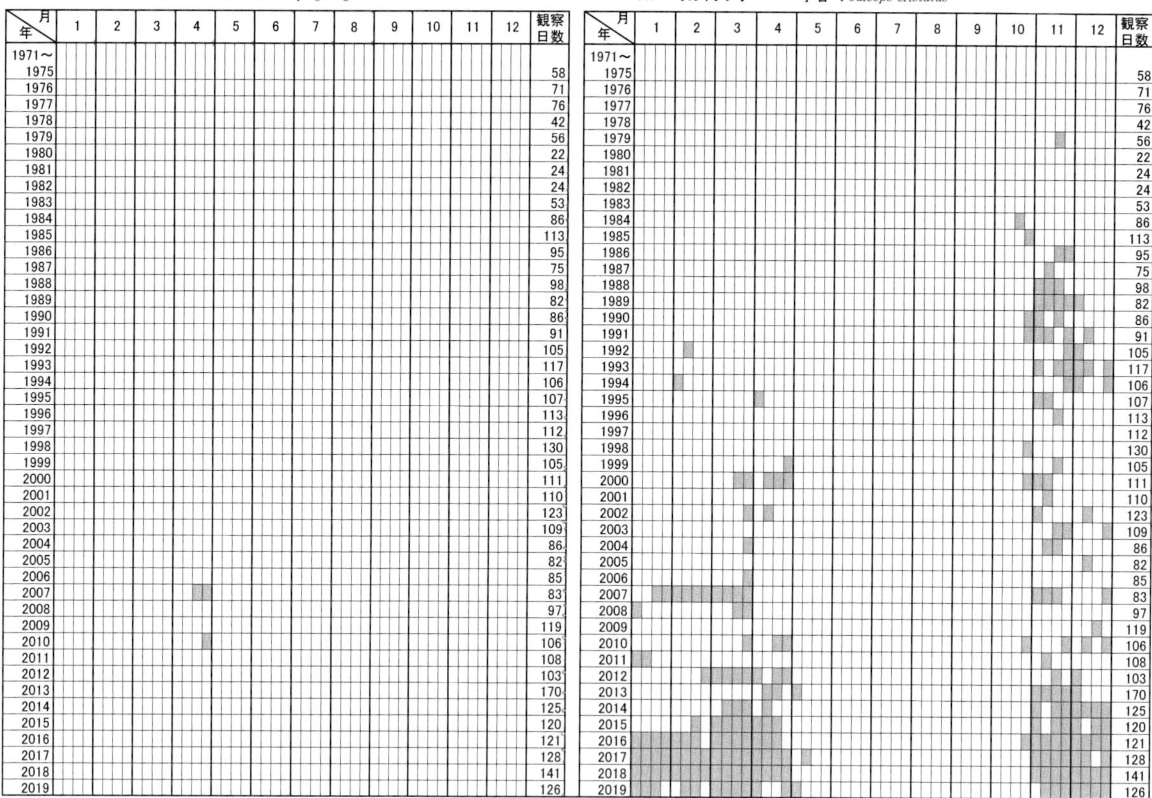

ハジロカイツブリ　学名 *Podiceps nigricollis*

年＼月	1	2	3	4	5	6	7	8	9	10	11	12	観察日数
1971～													
1975													58
1976													71
1977													76
1978													42
1979													56
1980													22
1981													24
1982													24
1983													53
1984													86
1985													113
1986													95
1987													75
1988													98
1989													82
1990													86
1991													91
1992													105
1993													117
1994													106
1995													107
1996													113
1997													112
1998													130
1999													105
2000													111
2001													110
2002													123
2003													109
2004													86
2005													82
2006													85
2007													83
2008													97
2009													119
2010													106
2011													108
2012													103
2013													170
2014													125
2015													120
2016													121
2017													128
2018													141
2019													126

キジバト　学名 *Streptopelia orientalis*

年＼月	1	2	3	4	5	6	7	8	9	10	11	12	観察日数
1971～													
1975													58
1976													71
1977													76
1978													42
1979													56
1980													22
1981													24
1982													24
1983													53
1984													86
1985													113
1986													95
1987													75
1988													98
1989													82
1990													86
1991													91
1992													105
1993													117
1994													106
1995													107
1996													113
1997													112
1998													130
1999													105
2000													111
2001													110
2002													123
2003													109
2004													86
2005													82
2006													85
2007													83
2008													97
2009													119
2010													106
2011													108
2012													103
2013													170
2014													125
2015													120
2016													121
2017													128
2018													141
2019													126

オオハム　　学名 *Gavia arctica*

年＼月	1	2	3	4	5	6	7	8	9	10	11	12	観察日数
1971～1975													58
1976													71
1977													76
1978													42
1979													56
1980													22
1981													24
1982													24
1983													53
1984													86
1985													113
1986													95
1987													75
1988													98
1989													82
1990													86
1991													91
1992													105
1993													117
1994													106
1995													107
1996													113
1997													112
1998													130
1999													105
2000													111
2001													110
2002													123
2003													109
2004													86
2005													82
2006													85
2007													83
2008													97
2009													119
2010													106
2011													108
2012													103
2013													170
2014													125
2015													120
2016													121
2017													128
2018													141
2019													126

オオミズナギドリ　　学名 *Calonectris leucomelas*

年＼月	1	2	3	4	5	6	7	8	9	10	11	12	観察日数
1971～1975													58
1976													71
1977													76
1978													42
1979													56
1980													22
1981													24
1982													24
1983													53
1984													86
1985													113
1986													95
1987													75
1988													98
1989													82
1990													86
1991													91
1992													105
1993													117
1994													106
1995													107
1996													113
1997													112
1998													130
1999													105
2000													111
2001													110
2002													123
2003													109
2004													86
2005													82
2006													85
2007													83
2008													97
2009													119
2010													106
2011													108
2012													103
2013													170
2014													125
2015													120
2016													121
2017													128
2018													141
2019													126

ナベコウ　　学名 *Ciconia nigra*

年＼月	1	2	3	4	5	6	7	8	9	10	11	12	観察日数
1971～1975													58
1976													71
1977													76
1978													42
1979													56
1980													22
1981													24
1982													24
1983													53
1984													86
1985													113
1986													95
1987													75
1988													98
1989													82
1990													86
1991													91
1992													105
1993													117
1994													106
1995													107
1996													113
1997													112
1998													130
1999													105
2000													111
2001													110
2002													123
2003													109
2004													86
2005													82
2006													85
2007													83
2008													97
2009													119
2010													106
2011													108
2012													103
2013													170
2014													125
2015													120
2016													121
2017													128
2018													141
2019													126

コウノトリ　　学名 *Ciconia boyciana*

年＼月	1	2	3	4	5	6	7	8	9	10	11	12	観察日数
1971～1975													58
1976													71
1977													76
1978													42
1979													56
1980													22
1981													24
1982													24
1983													53
1984													86
1985													113
1986													95
1987													75
1988													98
1989													82
1990													86
1991													91
1992													105
1993													117
1994													106
1995													107
1996													113
1997													112
1998													130
1999													105
2000													111
2001													110
2002													123
2003													109
2004													86
2005													82
2006													85
2007													83
2008													97
2009													119
2010													106
2011													108
2012													103
2013													170
2014													125
2015													120
2016													121
2017													128
2018													141
2019													126

カワウ　　学名 *Phalacrocorax carbo*

ヨシゴイ　　学名 *Ixobrychus sinensis*

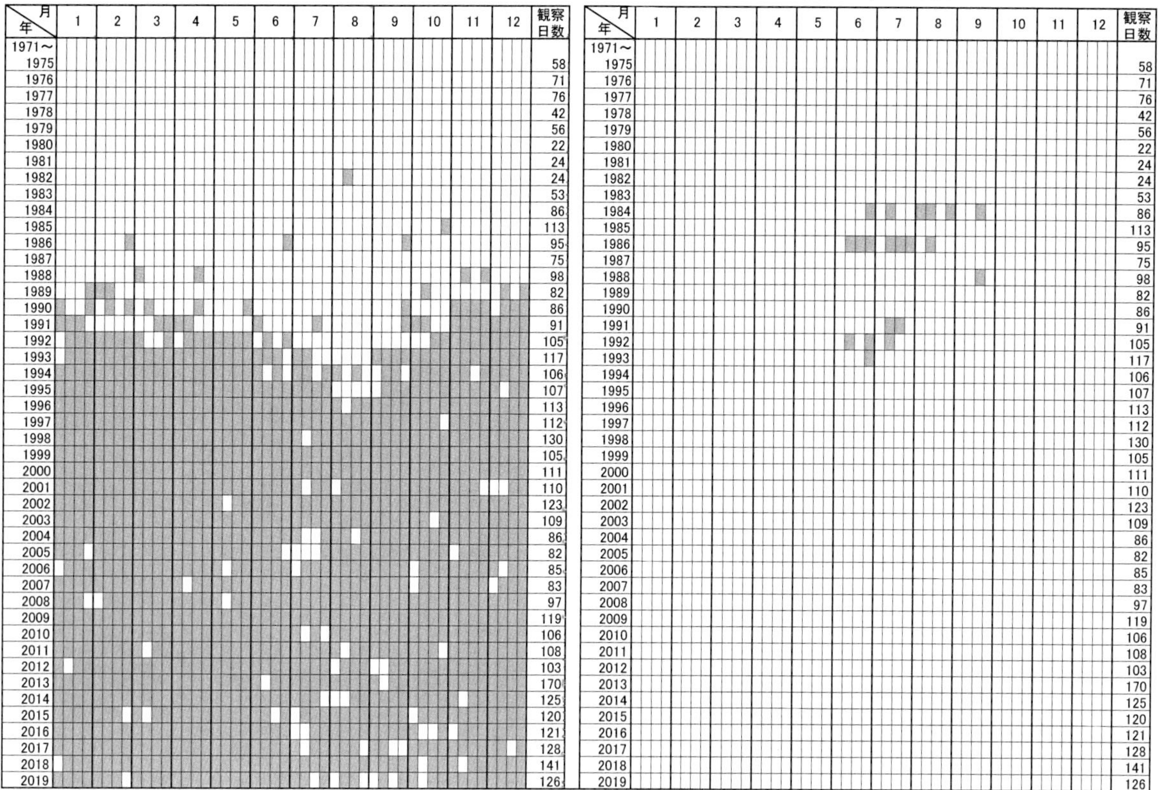

ゴイサギ　　学名 *Nycticorax nycticorax*

年	観察日数
1971～1975	58
1976	71
1977	76
1978	42
1979	56
1980	22
1981	24
1982	24
1983	53
1984	86
1985	113
1986	95
1987	75
1988	98
1989	82
1990	86
1991	91
1992	105
1993	117
1994	106
1995	107
1996	113
1997	112
1998	130
1999	105
2000	111
2001	110
2002	123
2003	109
2004	86
2005	82
2006	85
2007	83
2008	97
2009	119
2010	106
2011	108
2012	103
2013	170
2014	125
2015	120
2016	121
2017	128
2018	141
2019	126

ササゴイ　　学名 *Butorides striata*

年	観察日数
1971～1975	58
1976	71
1977	76
1978	42
1979	56
1980	22
1981	24
1982	24
1983	53
1984	86
1985	113
1986	95
1987	75
1988	98
1989	82
1990	86
1991	91
1992	105
1993	117
1994	106
1995	107
1996	113
1997	112
1998	130
1999	105
2000	111
2001	110
2002	123
2003	109
2004	86
2005	82
2006	85
2007	83
2008	97
2009	119
2010	106
2011	108
2012	103
2013	170
2014	125
2015	120
2016	121
2017	128
2018	141
2019	126

アカガシラサギ　学名 *Ardeola bacchus*

年＼月	1	2	3	4	5	6	7	8	9	10	11	12	観察日数
1971〜1975													58
1976													71
1977													76
1978													42
1979													56
1980													22
1981													24
1982													24
1983													53
1984													86
1985													113
1986													95
1987													75
1988													98
1989													82
1990													86
1991													91
1992													105
1993													117
1994													106
1995													107
1996													113
1997													112
1998													130
1999													105
2000													111
2001													110
2002													123
2003													109
2004													86
2005													82
2006													85
2007													83
2008													97
2009													119
2010													106
2011													108
2012													103
2013													170
2014													125
2015													120
2016													121
2017													128
2018													141
2019													126

アマサギ　学名 *Bubulcus ibis*

年＼月	1	2	3	4	5	6	7	8	9	10	11	12	観察日数
1971〜1975													58
1976													71
1977													76
1978													42
1979													56
1980													22
1981													24
1982													24
1983													53
1984													86
1985													113
1986													95
1987													75
1988													98
1989													82
1990													86
1991													91
1992													105
1993													117
1994													106
1995													107
1996													113
1997													112
1998													130
1999													105
2000													111
2001													110
2002													123
2003													109
2004													86
2005													82
2006													85
2007													83
2008													97
2009													119
2010													106
2011													108
2012													103
2013													170
2014													125
2015													120
2016													121
2017													128
2018													141
2019													126

アオサギ　学名 *Ardea cinerea*

年＼月	1	2	3	4	5	6	7	8	9	10	11	12	観察日数
1971〜1975													58
1976													71
1977													76
1978													42
1979													56
1980													22
1981													24
1982													24
1983													53
1984													86
1985													113
1986													95
1987													75
1988													98
1989													82
1990													86
1991													91
1992													105
1993													117
1994													106
1995													107
1996													113
1997													112
1998													130
1999													105
2000													111
2001													110
2002													123
2003													109
2004													86
2005													82
2006													85
2007													83
2008													97
2009													119
2010													106
2011													108
2012													103
2013													170
2014													125
2015													120
2016													121
2017													128
2018													141
2019													126

ダイサギ　学名 *Ardea alba*

年＼月	1	2	3	4	5	6	7	8	9	10	11	12	観察日数
1971〜1975													58
1976													71
1977													76
1978													42
1979													56
1980													22
1981													24
1982													24
1983													53
1984													86
1985													113
1986													95
1987													75
1988													98
1989													82
1990													86
1991													91
1992													105
1993													117
1994													106
1995													107
1996													113
1997													112
1998													130
1999													105
2000													111
2001													110
2002													123
2003													109
2004													86
2005													82
2006													85
2007													83
2008													97
2009													119
2010													106
2011													108
2012													103
2013													170
2014													125
2015													120
2016													121
2017													128
2018													141
2019													126

チュウサギ　学名 *Egretta intermedia*

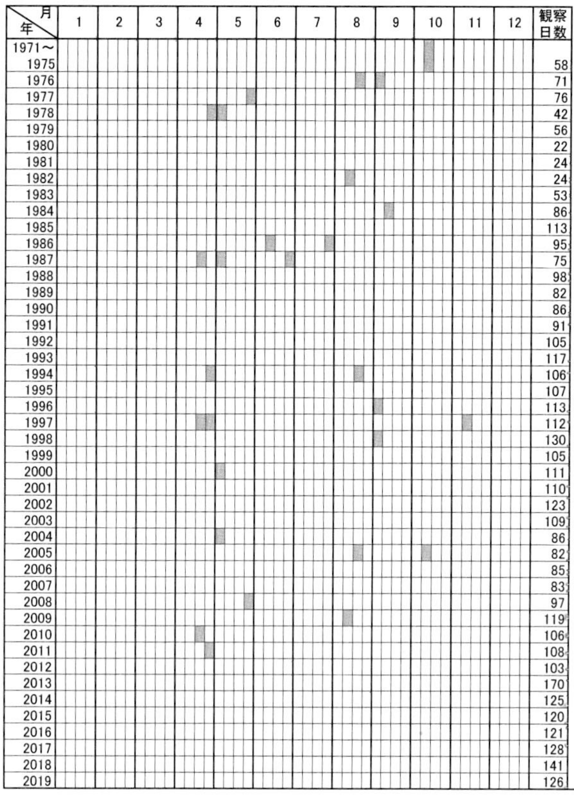

年＼月	1	2	3	4	5	6	7	8	9	10	11	12	観察日数
1971〜1975													58
1976													71
1977													76
1978													42
1979													56
1980													22
1981													24
1982													24
1983													53
1984													86
1985													113
1986													95
1987													75
1988													98
1989													82
1990													86
1991													91
1992													105
1993													117
1994													106
1995													107
1996													113
1997													112
1998													130
1999													105
2000													111
2001													110
2002													123
2003													109
2004													86
2005													82
2006													85
2007													83
2008													97
2009													119
2010													106
2011													108
2012													103
2013													170
2014													125
2015													120
2016													121
2017													128
2018													141
2019													126

コサギ　学名 *Egretta garzetta*

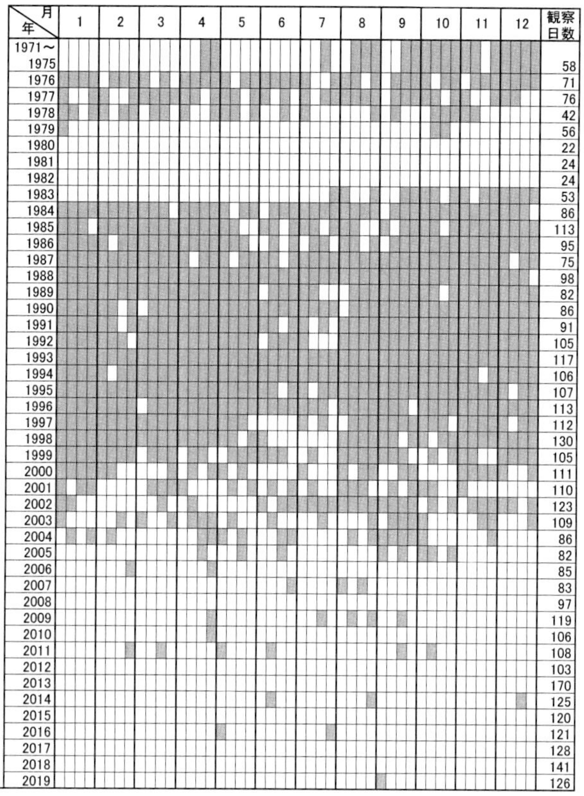

年＼月	1	2	3	4	5	6	7	8	9	10	11	12	観察日数
1971〜1975													58
1976													71
1977													76
1978													42
1979													56
1980													22
1981													24
1982													24
1983													53
1984													86
1985													113
1986													95
1987													75
1988													98
1989													82
1990													86
1991													91
1992													105
1993													117
1994													106
1995													107
1996													113
1997													112
1998													130
1999													105
2000													111
2001													110
2002													123
2003													109
2004													86
2005													82
2006													85
2007													83
2008													97
2009													119
2010													106
2011													108
2012													103
2013													170
2014													125
2015													120
2016													121
2017													128
2018													141
2019													126

クロツラヘラサギ　学名 *Platalea minor*

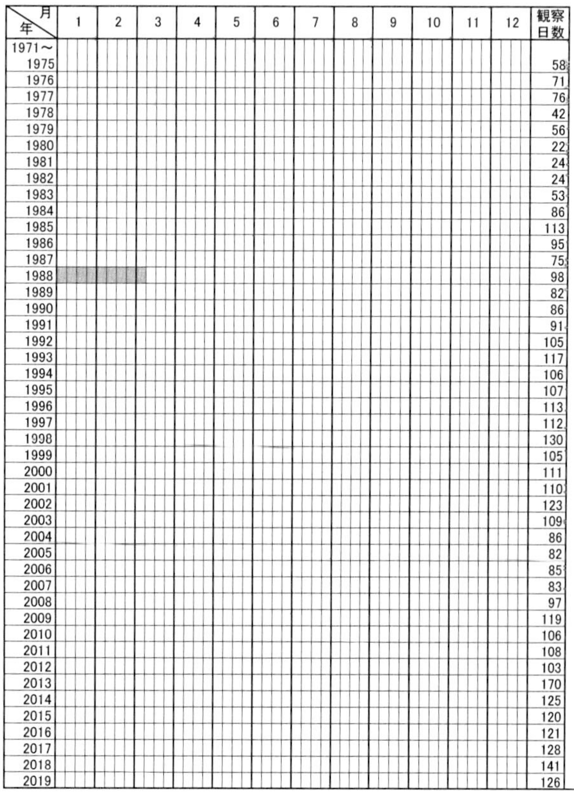

年＼月	1	2	3	4	5	6	7	8	9	10	11	12	観察日数
1971〜1975													58
1976													71
1977													76
1978													42
1979													56
1980													22
1981													24
1982													24
1983													53
1984													86
1985													113
1986													95
1987													75
1988													98
1989													82
1990													86
1991													91
1992													105
1993													117
1994													106
1995													107
1996													113
1997													112
1998													130
1999													105
2000													111
2001													110
2002													123
2003													109
2004													86
2005													82
2006													85
2007													83
2008													97
2009													119
2010													106
2011													108
2012													103
2013													170
2014													125
2015													120
2016													121
2017													128
2018													141
2019													126

ナベヅル　学名 *Grus monacha*

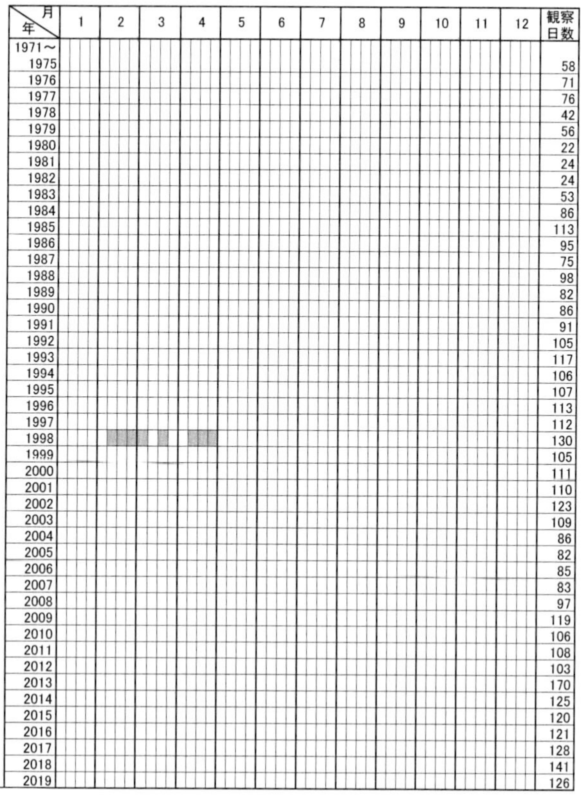

年＼月	1	2	3	4	5	6	7	8	9	10	11	12	観察日数
1971〜1975													58
1976													71
1977													76
1978													42
1979													56
1980													22
1981													24
1982													24
1983													53
1984													86
1985													113
1986													95
1987													75
1988													98
1989													82
1990													86
1991													91
1992													105
1993													117
1994													106
1995													107
1996													113
1997													112
1998													130
1999													105
2000													111
2001													110
2002													123
2003													109
2004													86
2005													82
2006													85
2007													83
2008													97
2009													119
2010													106
2011													108
2012													103
2013													170
2014													125
2015													120
2016													121
2017													128
2018													141
2019													126

クイナ　学名 *Rallus aquaticus*

年＼月	1	2	3	4	5	6	7	8	9	10	11	12	観察日数
1971～1975													58
1976													71
1977													76
1978													42
1979													56
1980													22
1981													24
1982													24
1983													53
1984													86
1985													113
1986													95
1987													75
1988													98
1989													82
1990													86
1991													91
1992													105
1993													117
1994													106
1995													107
1996													113
1997													112
1998													130
1999													105
2000													111
2001													110
2002													123
2003													109
2004													86
2005													82
2006													85
2007													83
2008													97
2009													119
2010													106
2011													108
2012													103
2013													170
2014													125
2015													120
2016													121
2017													128
2018													141
2019													126

ヒクイナ　学名 *Porzana fusca*

年＼月	1	2	3	4	5	6	7	8	9	10	11	12	観察日数
1971～1975													58
1976													71
1977													76
1978													42
1979													56
1980													22
1981													24
1982													24
1983													53
1984													86
1985													113
1986													95
1987													75
1988													98
1989													82
1990													86
1991													91
1992													105
1993													117
1994													106
1995													107
1996													113
1997													112
1998													130
1999													105
2000													111
2001													110
2002													123
2003													109
2004													86
2005													82
2006													85
2007													83
2008													97
2009													119
2010													106
2011													108
2012													103
2013													170
2014													125
2015													120
2016													121
2017													128
2018													141
2019													126

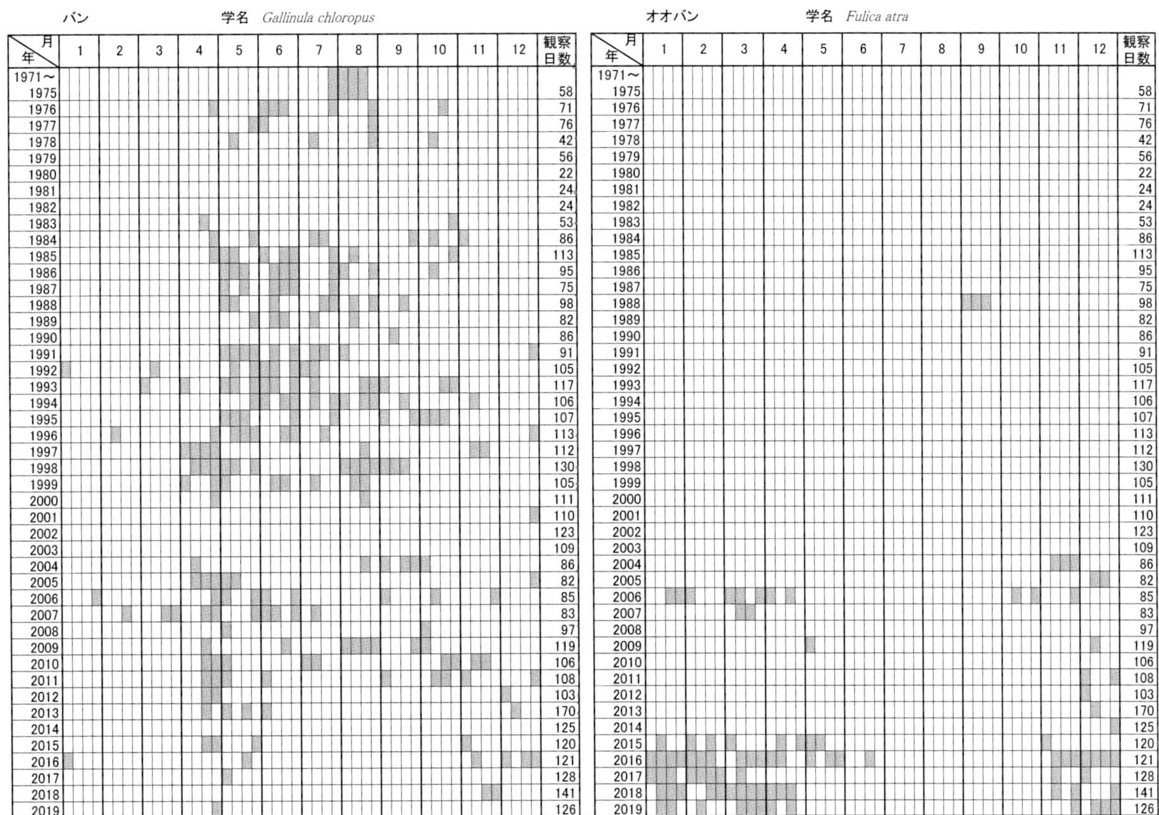

バン　学名 *Gallinula chloropus*

年＼月	1	2	3	4	5	6	7	8	9	10	11	12	観察日数
1971～1975													58
1976													71
1977													76
1978													42
1979													56
1980													22
1981													24
1982													24
1983													53
1984													86
1985													113
1986													95
1987													75
1988													98
1989													82
1990													86
1991													91
1992													105
1993													117
1994													106
1995													107
1996													113
1997													112
1998													130
1999													105
2000													111
2001													110
2002													123
2003													109
2004													86
2005													82
2006													85
2007													83
2008													97
2009													119
2010													106
2011													108
2012													103
2013													170
2014													125
2015													120
2016													121
2017													128
2018													141
2019													126

オオバン　学名 *Fulica atra*

年＼月	1	2	3	4	5	6	7	8	9	10	11	12	観察日数
1971～1975													58
1976													71
1977													76
1978													42
1979													56
1980													22
1981													24
1982													24
1983													53
1984													86
1985													113
1986													95
1987													75
1988													98
1989													82
1990													86
1991													91
1992													105
1993													117
1994													106
1995													107
1996													113
1997													112
1998													130
1999													105
2000													111
2001													110
2002													123
2003													109
2004													86
2005													82
2006													85
2007													83
2008													97
2009													119
2010													106
2011													108
2012													103
2013													170
2014													125
2015													120
2016													121
2017													128
2018													141
2019													126

ホトトギス　学名 *Cuculus poliocephalus*

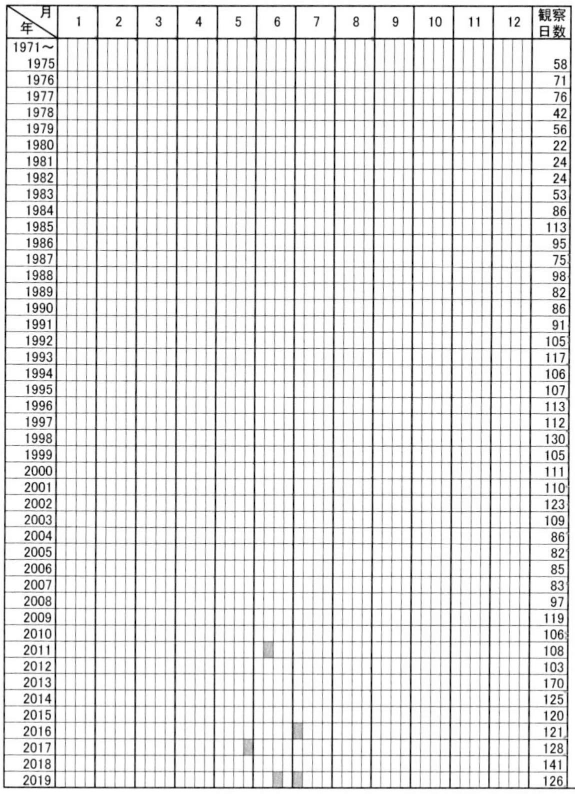

年＼月	1	2	3	4	5	6	7	8	9	10	11	12	観察日数
1971～1975													58
1976													71
1977													76
1978													42
1979													56
1980													22
1981													24
1982													24
1983													53
1984													86
1985													113
1986													95
1987													75
1988													98
1989													82
1990													86
1991													91
1992													105
1993													117
1994													106
1995													107
1996													113
1997													112
1998													130
1999													105
2000													111
2001													110
2002													123
2003													109
2004													86
2005													82
2006													85
2007													83
2008													97
2009													119
2010													106
2011													108
2012													103
2013													170
2014													125
2015													120
2016													121
2017													128
2018													141
2019													126

カッコウ　学名 *Cuculus canorus*

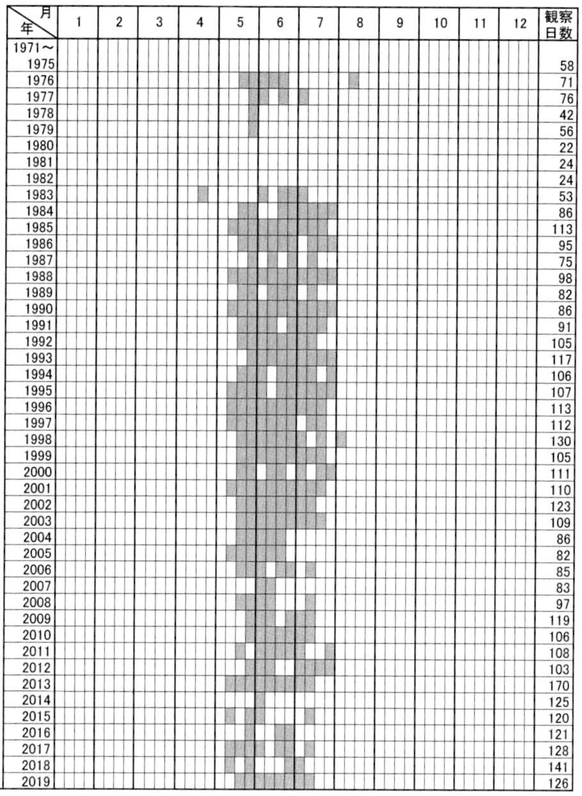

年＼月	1	2	3	4	5	6	7	8	9	10	11	12	観察日数
1971～1975													58
1976													71
1977													76
1978													42
1979													56
1980													22
1981													24
1982													24
1983													53
1984													86
1985													113
1986													95
1987													75
1988													98
1989													82
1990													86
1991													91
1992													105
1993													117
1994													106
1995													107
1996													113
1997													112
1998													130
1999													105
2000													111
2001													110
2002													123
2003													109
2004													86
2005													82
2006													85
2007													83
2008													97
2009													119
2010													106
2011													108
2012													103
2013													170
2014													125
2015													120
2016													121
2017													128
2018													141
2019													126

ハリオアマツバメ　学名 *Hirundapus caudacutus*

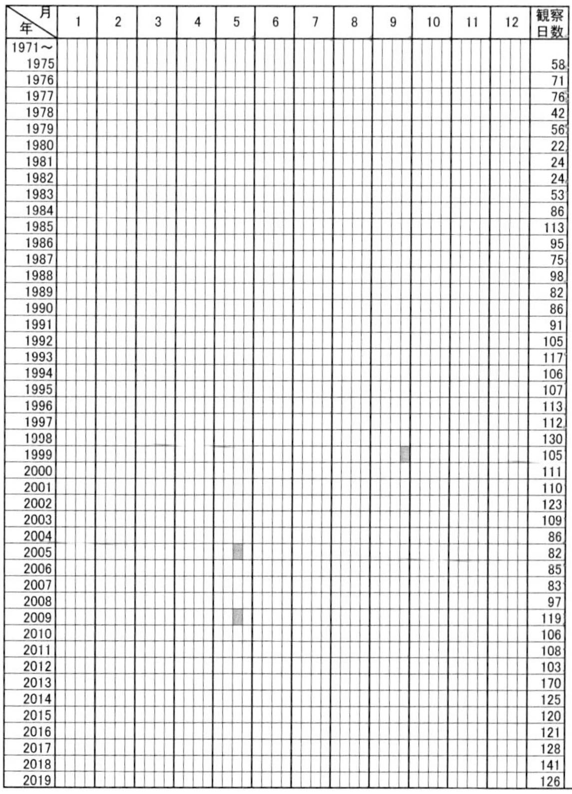

年＼月	1	2	3	4	5	6	7	8	9	10	11	12	観察日数
1971～1975													58
1976													71
1977													76
1978													42
1979													56
1980													22
1981													24
1982													24
1983													53
1984													86
1985													113
1986													95
1987													75
1988													98
1989													82
1990													86
1991													91
1992													105
1993													117
1994													106
1995													107
1996													113
1997													112
1998													130
1999													105
2000													111
2001													110
2002													123
2003													109
2004													86
2005													82
2006													85
2007													83
2008													97
2009													119
2010													106
2011													108
2012													103
2013													170
2014													125
2015													120
2016													121
2017													128
2018													141
2019													126

アマツバメ　学名 *Apus pacificus*

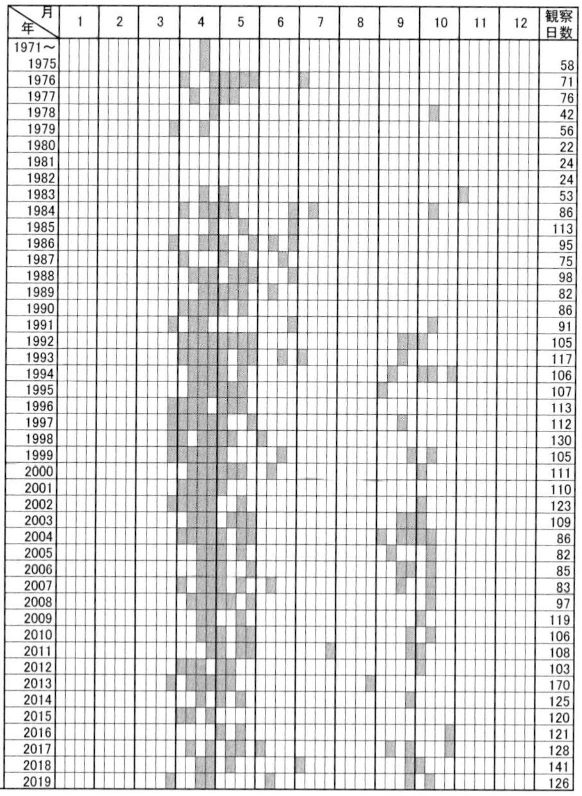

年＼月	1	2	3	4	5	6	7	8	9	10	11	12	観察日数
1971～1975													58
1976													71
1977													76
1978													42
1979													56
1980													22
1981													24
1982													24
1983													53
1984													86
1985													113
1986													95
1987													75
1988													98
1989													82
1990													86
1991													91
1992													105
1993													117
1994													106
1995													107
1996													113
1997													112
1998													130
1999													105
2000													111
2001													110
2002													123
2003													109
2004													86
2005													82
2006													85
2007													83
2008													97
2009													119
2010													106
2011													108
2012													103
2013													170
2014													125
2015													120
2016													121
2017													128
2018													141
2019													126

ヒメアマツバメ　　学名 *Apus nipalensis*

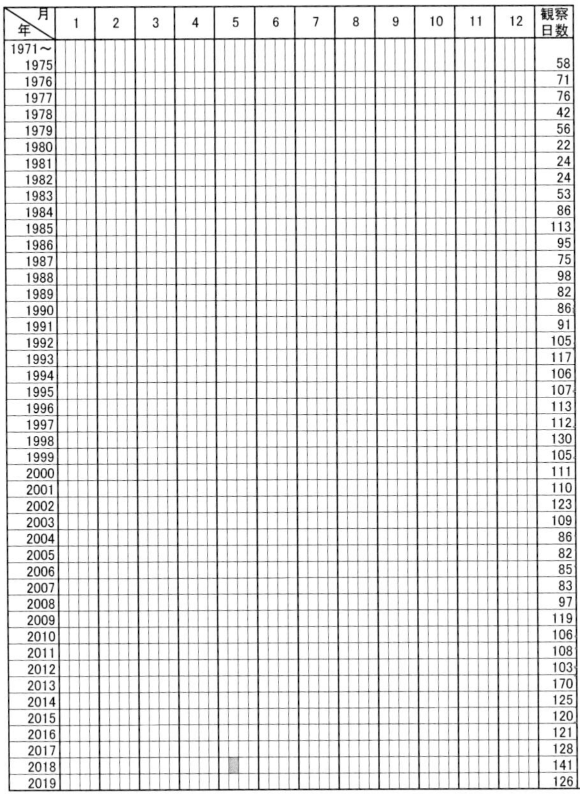

年＼月	1	2	3	4	5	6	7	8	9	10	11	12	観察日数
1971～1975													58
1976													71
1977													76
1978													42
1979													56
1980													22
1981													24
1982													24
1983													53
1984													86
1985													113
1986													95
1987													75
1988													98
1989													82
1990													86
1991													91
1992													105
1993													117
1994													106
1995													107
1996													113
1997													112
1998													130
1999													105
2000													111
2001													110
2002													123
2003													109
2004													86
2005													82
2006													85
2007													83
2008													97
2009													119
2010													106
2011													108
2012													103
2013													170
2014													125
2015													120
2016													121
2017													128
2018													141
2019													126

タゲリ　　学名 *Vanellus vanellus*

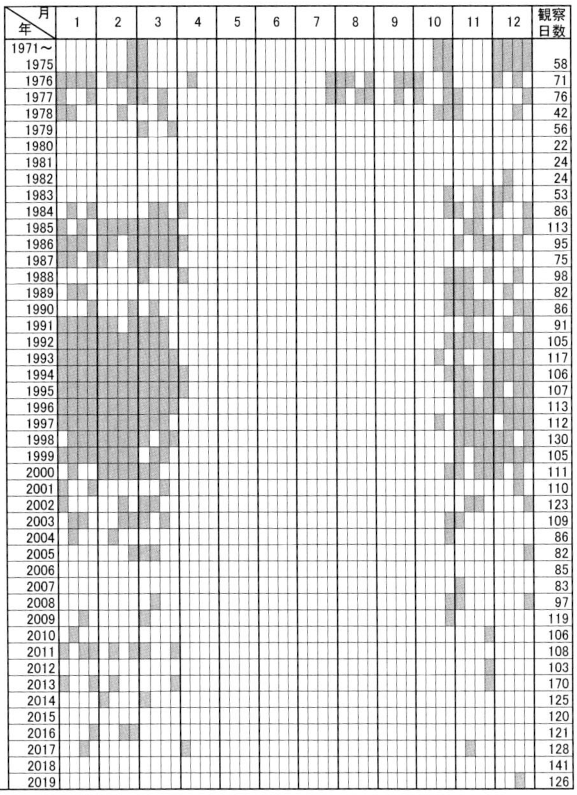

年＼月	1	2	3	4	5	6	7	8	9	10	11	12	観察日数
1971～1975													58
1976													71
1977													76
1978													42
1979													56
1980													22
1981													24
1982													24
1983													53
1984													86
1985													113
1986													95
1987													75
1988													98
1989													82
1990													86
1991													91
1992													105
1993													117
1994													106
1995													107
1996													113
1997													112
1998													130
1999													105
2000													111
2001													110
2002													123
2003													109
2004													86
2005													82
2006													85
2007													83
2008													97
2009													119
2010													106
2011													108
2012													103
2013													170
2014													125
2015													120
2016													121
2017													128
2018													141
2019													126

ケリ　　学名 *Vanellus cinereus*

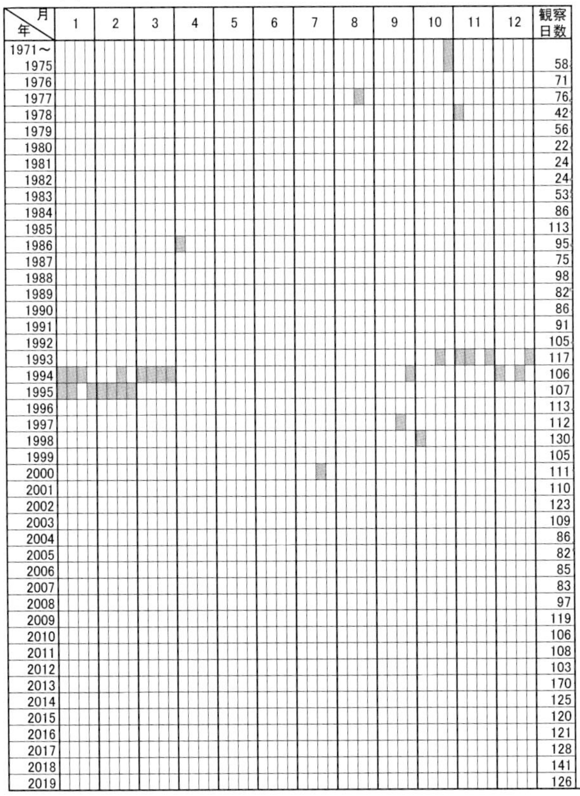

年＼月	1	2	3	4	5	6	7	8	9	10	11	12	観察日数
1971～1975													58
1976													71
1977													76
1978													42
1979													56
1980													22
1981													24
1982													24
1983													53
1984													86
1985													113
1986													95
1987													75
1988													98
1989													82
1990													86
1991													91
1992													105
1993													117
1994													106
1995													107
1996													113
1997													112
1998													130
1999													105
2000													111
2001													110
2002													123
2003													109
2004													86
2005													82
2006													85
2007													83
2008													97
2009													119
2010													106
2011													108
2012													103
2013													170
2014													125
2015													120
2016													121
2017													128
2018													141
2019													126

ムナグロ　　学名 *Pluvialis fulva*

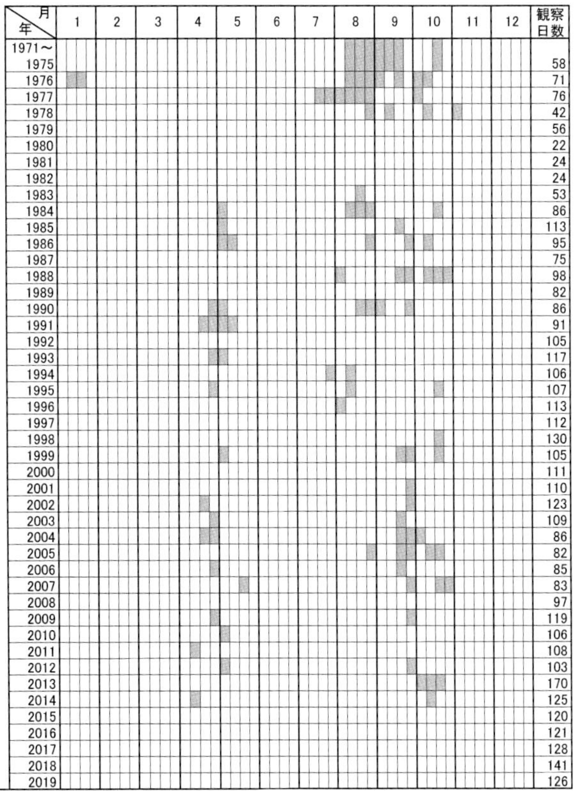

年＼月	1	2	3	4	5	6	7	8	9	10	11	12	観察日数
1971～1975													58
1976													71
1977													76
1978													42
1979													56
1980													22
1981													24
1982													24
1983													53
1984													86
1985													113
1986													95
1987													75
1988													98
1989													82
1990													86
1991													91
1992													105
1993													117
1994													106
1995													107
1996													113
1997													112
1998													130
1999													105
2000													111
2001													110
2002													123
2003													109
2004													86
2005													82
2006													85
2007													83
2008													97
2009													119
2010													106
2011													108
2012													103
2013													170
2014													125
2015													120
2016													121
2017													128
2018													141
2019													126

ダイゼン　学名 *Pluvialis squatarola*

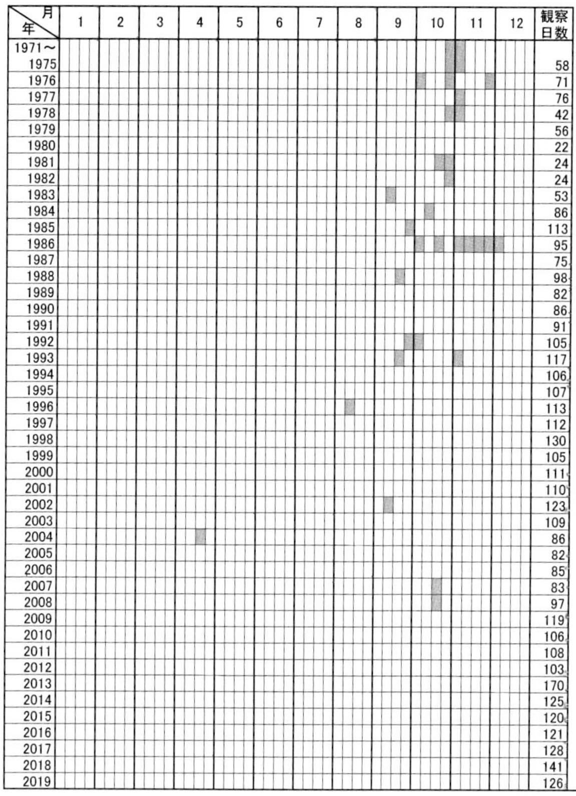

年＼月	1	2	3	4	5	6	7	8	9	10	11	12	観察日数
1971～1975													58
1976													71
1977													76
1978													42
1979													56
1980													22
1981													24
1982													24
1983													53
1984													86
1985													113
1986													95
1987													75
1988													98
1989													82
1990													86
1991													91
1992													105
1993													117
1994													106
1995													107
1996													113
1997													112
1998													130
1999													105
2000													111
2001													110
2002													123
2003													109
2004													86
2005													82
2006													85
2007													83
2008													97
2009													119
2010													106
2011													108
2012													103
2013													170
2014													125
2015													120
2016													121
2017													128
2018													141
2019													126

ハジロコチドリ　学名 *Charadrius hiaticula*

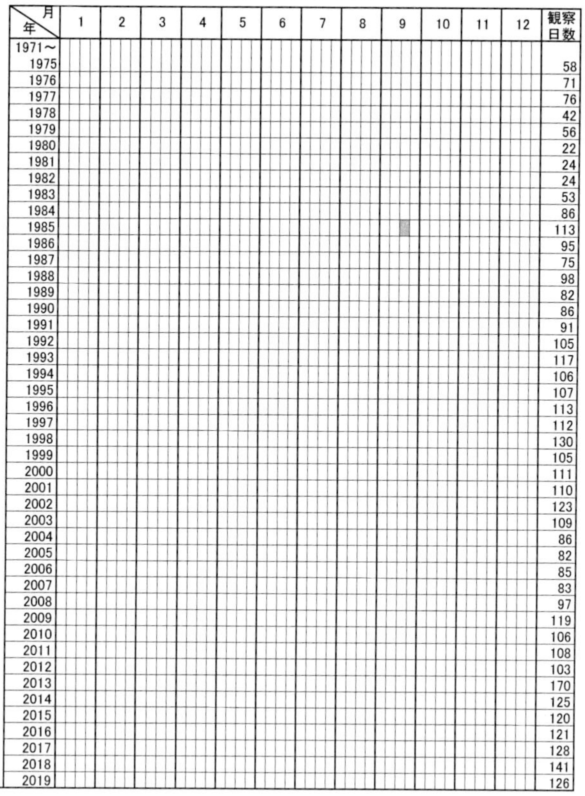

年＼月	1	2	3	4	5	6	7	8	9	10	11	12	観察日数
1971～1975													58
1976													71
1977													76
1978													42
1979													56
1980													22
1981													24
1982													24
1983													53
1984													86
1985													113
1986													95
1987													75
1988													98
1989													82
1990													86
1991													91
1992													105
1993													117
1994													106
1995													107
1996													113
1997													112
1998													130
1999													105
2000													111
2001													110
2002													123
2003													109
2004													86
2005													82
2006													85
2007													83
2008													97
2009													119
2010													106
2011													108
2012													103
2013													170
2014													125
2015													120
2016													121
2017													128
2018													141
2019													126

イカルチドリ　学名 *Charadrius placidus*

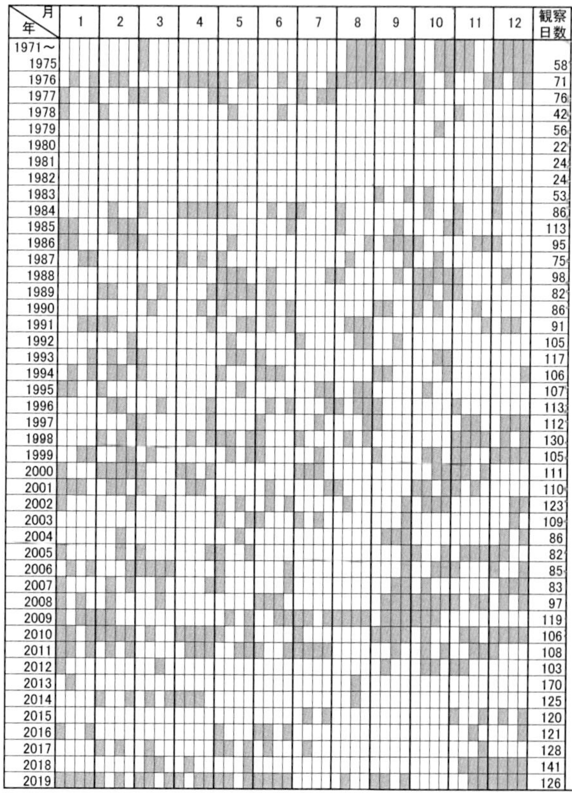

年＼月	1	2	3	4	5	6	7	8	9	10	11	12	観察日数
1971～1975													58
1976													71
1977													76
1978													42
1979													56
1980													22
1981													24
1982													24
1983													53
1984													86
1985													113
1986													95
1987													75
1988													98
1989													82
1990													86
1991													91
1992													105
1993													117
1994													106
1995													107
1996													113
1997													112
1998													130
1999													105
2000													111
2001													110
2002													123
2003													109
2004													86
2005													82
2006													85
2007													83
2008													97
2009													119
2010													106
2011													108
2012													103
2013													170
2014													125
2015													120
2016													121
2017													128
2018													141
2019													126

コチドリ　学名 *Charadrius dubius*

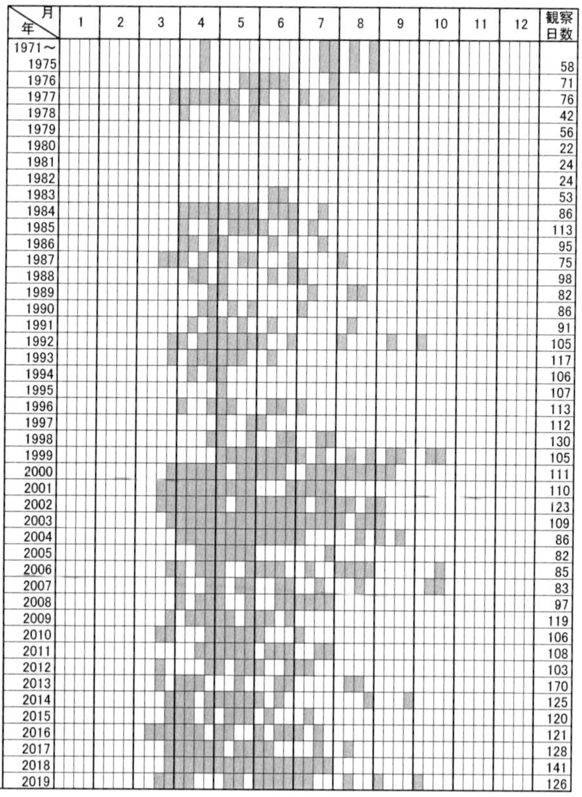

年＼月	1	2	3	4	5	6	7	8	9	10	11	12	観察日数
1971～1975													58
1976													71
1977													76
1978													42
1979													56
1980													22
1981													24
1982													24
1983													53
1984													86
1985													113
1986													95
1987													75
1988													98
1989													82
1990													86
1991													91
1992													105
1993													117
1994													106
1995													107
1996													113
1997													112
1998													130
1999													105
2000													111
2001													110
2002													123
2003													109
2004													86
2005													82
2006													85
2007													83
2008													97
2009													119
2010													106
2011													108
2012													103
2013													170
2014													125
2015													120
2016													121
2017													128
2018													141
2019													126

シロチドリ　　学名 *Charadrius alexandrinus*

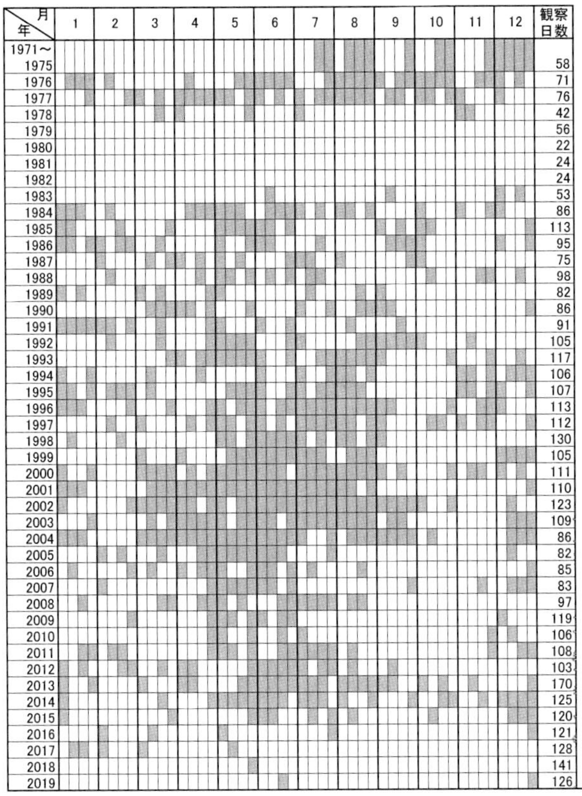

年＼月	1	2	3	4	5	6	7	8	9	10	11	12	観察日数
1971～1975													58
1976													71
1977													76
1978													42
1979													56
1980													22
1981													24
1982													24
1983													53
1984													86
1985													113
1986													95
1987													75
1988													98
1989													82
1990													86
1991													91
1992													105
1993													117
1994													106
1995													107
1996													113
1997													112
1998													130
1999													105
2000													111
2001													110
2002													123
2003													109
2004													86
2005													82
2006													85
2007													83
2008													97
2009													119
2010													106
2011													108
2012													103
2013													170
2014													125
2015													120
2016													121
2017													128
2018													141
2019													126

メダイチドリ　　学名 *Charadrius mongolus*

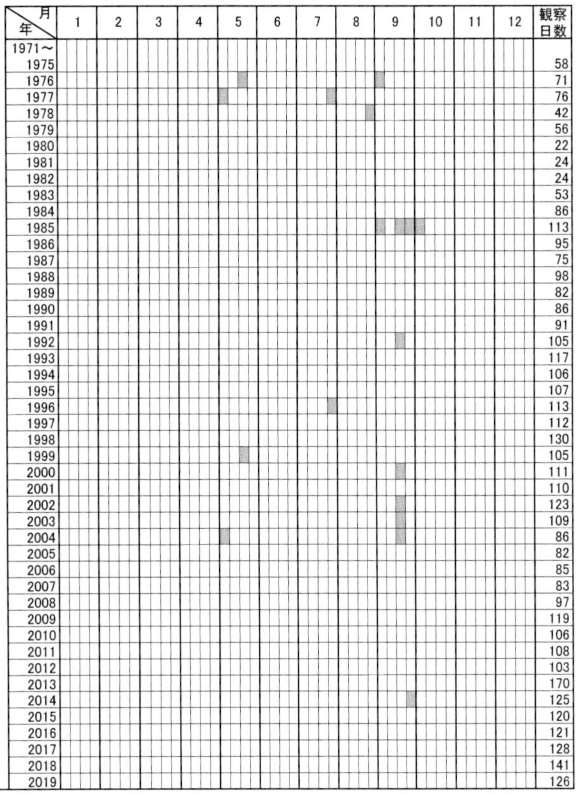

年＼月	1	2	3	4	5	6	7	8	9	10	11	12	観察日数
1971～1975													58
1976													71
1977													76
1978													42
1979													56
1980													22
1981													24
1982													24
1983													53
1984													86
1985													113
1986													95
1987													75
1988													98
1989													82
1990													86
1991													91
1992													105
1993													117
1994													106
1995													107
1996													113
1997													112
1998													130
1999													105
2000													111
2001													110
2002													123
2003													109
2004													86
2005													82
2006													85
2007													83
2008													97
2009													119
2010													106
2011													108
2012													103
2013													170
2014													125
2015													120
2016													121
2017													128
2018													141
2019													126

セイタカシギ　　学名 *Himantopus himantopus*

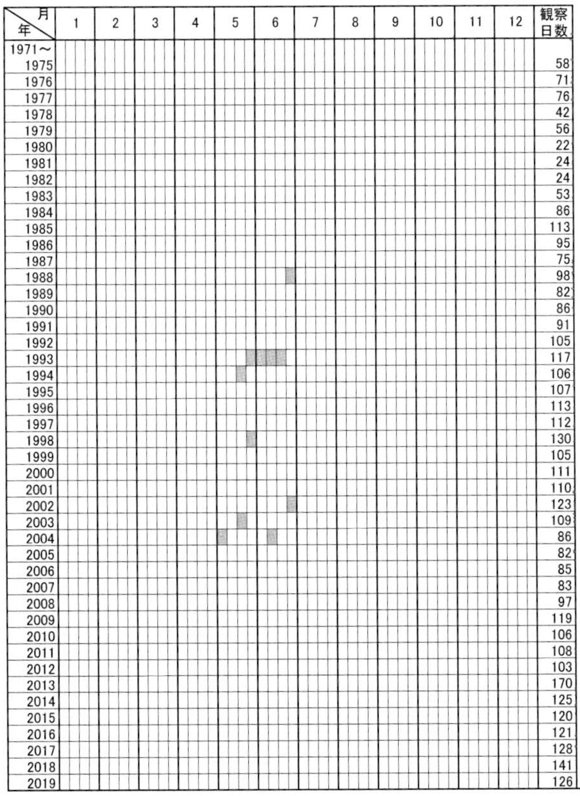

年＼月	1	2	3	4	5	6	7	8	9	10	11	12	観察日数
1971～1975													58
1976													71
1977													76
1978													42
1979													56
1980													22
1981													24
1982													24
1983													53
1984													86
1985													113
1986													95
1987													75
1988													98
1989													82
1990													86
1991													91
1992													105
1993													117
1994													106
1995													107
1996													113
1997													112
1998													130
1999													105
2000													111
2001													110
2002													123
2003													109
2004													86
2005													82
2006													85
2007													83
2008													97
2009													119
2010													106
2011													108
2012													103
2013													170
2014													125
2015													120
2016													121
2017													128
2018													141
2019													126

タシギ　　学名 *Gallinago gallinago*

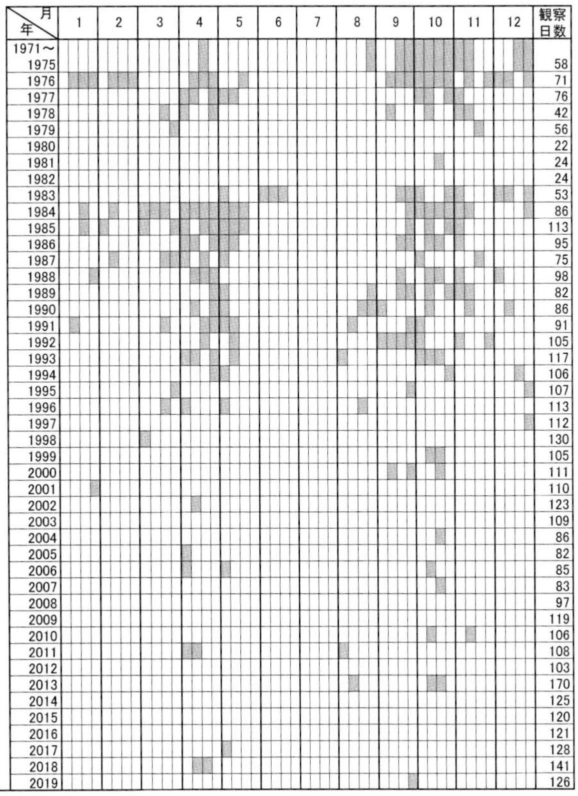

年＼月	1	2	3	4	5	6	7	8	9	10	11	12	観察日数
1971～1975													58
1976													71
1977													76
1978													42
1979													56
1980													22
1981													24
1982													24
1983													53
1984													86
1985													113
1986													95
1987													75
1988													98
1989													82
1990													86
1991													91
1992													105
1993													117
1994													106
1995													107
1996													113
1997													112
1998													130
1999													105
2000													111
2001													110
2002													123
2003													109
2004													86
2005													82
2006													85
2007													83
2008													97
2009													119
2010													106
2011													108
2012													103
2013													170
2014													125
2015													120
2016													121
2017													128
2018													141
2019													126

オグロシギ　学名 *Limosa limosa*

年＼月	1	2	3	4	5	6	7	8	9	10	11	12	観察日数
1971～1975													58
1976													71
1977									■	■			76
1978										■			42
1979													56
1980													22
1981													24
1982													24
1983													53
1984									■				86
1985													113
1986													95
1987				■									75
1988													98
1989													82
1990													86
1991													91
1992													105
1993					■								117
1994													106
1995													107
1996													113
1997													112
1998													130
1999													105
2000													111
2001													110
2002													123
2003													109
2004													86
2005													82
2006													85
2007													83
2008													97
2009													119
2010													106
2011													108
2012													103
2013													170
2014													125
2015													120
2016													121
2017													128
2018													141
2019													126

オオソリハシシギ　学名 *Limosa lapponica*

年＼月	1	2	3	4	5	6	7	8	9	10	11	12	観察日数
1971～1975													58
1976													71
1977													76
1978													42
1979													56
1980													22
1981													24
1982													24
1983													53
1984													86
1985													113
1986													95
1987													75
1988													98
1989													82
1990													86
1991													91
1992									■				105
1993													117
1994													106
1995													107
1996													113
1997													112
1998													130
1999													105
2000													111
2001													110
2002													123
2003													109
2004													86
2005													82
2006													85
2007													83
2008													97
2009													119
2010			■										106
2011													108
2012													103
2013													170
2014													125
2015													120
2016													121
2017													128
2018													141
2019													126

チュウシャクシギ　学名 *Numenius phaeopus*

年＼月	1	2	3	4	5	6	7	8	9	10	11	12	観察日数
1971～1975									■				58
1976													71
1977								■					76
1978													42
1979													56
1980													22
1981													24
1982													24
1983													53
1984				■	■				■				86
1985					■								113
1986													95
1987													75
1988				■	■				■				98
1989				■									82
1990													86
1991				■									91
1992													105
1993					■								117
1994					■			■					106
1995									■				107
1996				■	■								113
1997					■				■				112
1998				■									130
1999													105
2000					■								111
2001					■								110
2002													123
2003									■				109
2004				■									86
2005													82
2006				■	■								85
2007					■								83
2008													97
2009				■	■								119
2010													106
2011													108
2012				■									103
2013													170
2014													125
2015													120
2016													121
2017													128
2018													141
2019													126

ホウロクシギ　学名 *Numenius madagascariensis*

年＼月	1	2	3	4	5	6	7	8	9	10	11	12	観察日数
1971～1975													58
1976													71
1977													76
1978													42
1979													56
1980													22
1981													24
1982													24
1983													53
1984													86
1985													113
1986													95
1987													75
1988													98
1989													82
1990													86
1991													91
1992													105
1993									■				117
1994													106
1995													107
1996													113
1997													112
1998													130
1999													105
2000													111
2001													110
2002													123
2003													109
2004													86
2005													82
2006													85
2007													83
2008													97
2009													119
2010													106
2011													108
2012													103
2013				■									170
2014													125
2015													120
2016													121
2017													128
2018													141
2019			■										126

ツルシギ　学名 *Tringa erythropus*

年＼月	1	2	3	4	5	6	7	8	9	10	11	12	観察日数
1971～1975													58
1976													71
1977													76
1978													42
1979													56
1980													22
1981													24
1982													24
1983													53
1984													86
1985													113
1986													95
1987													75
1988													98
1989													82
1990													86
1991													91
1992													105
1993													117
1994													106
1995													107
1996													113
1997													112
1998													130
1999													105
2000													111
2001													110
2002													123
2003													109
2004													86
2005													82
2006													85
2007													83
2008													97
2009													119
2010													106
2011													108
2012													103
2013													170
2014													125
2015													120
2016													121
2017													128
2018													141
2019													126

アオアシシギ　学名 *Tringa nebularia*

年＼月	1	2	3	4	5	6	7	8	9	10	11	12	観察日数
1971～1975													58
1976													71
1977													76
1978													42
1979													56
1980													22
1981													24
1982													24
1983													53
1984													86
1985													113
1986													95
1987													75
1988													98
1989													82
1990													86
1991													91
1992													105
1993													117
1994													106
1995													107
1996													113
1997													112
1998													130
1999													105
2000													111
2001													110
2002													123
2003													109
2004													86
2005													82
2006													85
2007													83
2008													97
2009													119
2010													106
2011													108
2012													103
2013													170
2014													125
2015													120
2016													121
2017													128
2018													141
2019													126

クサシギ　学名 *Tringa ochropus*

年＼月	1	2	3	4	5	6	7	8	9	10	11	12	観察日数
1971～1975													58
1976													71
1977													76
1978													42
1979													56
1980													22
1981													24
1982													24
1983													53
1984													86
1985													113
1986													95
1987													75
1988													98
1989													82
1990													86
1991													91
1992													105
1993													117
1994													106
1995													107
1996													113
1997													112
1998													130
1999													105
2000													111
2001													110
2002													123
2003													109
2004													86
2005													82
2006													85
2007													83
2008													97
2009													119
2010													106
2011													108
2012													103
2013													170
2014													125
2015													120
2016													121
2017													128
2018													141
2019													126

タカブシギ　学名 *Tringa glareola*

年＼月	1	2	3	4	5	6	7	8	9	10	11	12	観察日数
1971～1975													58
1976													71
1977													76
1978													42
1979													56
1980													22
1981													24
1982													24
1983													53
1984													86
1985													113
1986													95
1987													75
1988													98
1989													82
1990													86
1991													91
1992													105
1993													117
1994													106
1995													107
1996													113
1997													112
1998													130
1999													105
2000													111
2001													110
2002													123
2003													109
2004													86
2005													82
2006													85
2007													83
2008													97
2009													119
2010													106
2011													108
2012													103
2013													170
2014													125
2015													120
2016													121
2017													128
2018													141
2019													126

キアシシギ　　学名 *Heteroscelus brevipes*

年＼月	1	2	3	4	5	6	7	8	9	10	11	12	観察日数
1971～1975													58
1976													71
1977													76
1978													42
1979													56
1980													22
1981													24
1982													24
1983													53
1984													86
1985													113
1986													95
1987													75
1988													98
1989													82
1990													86
1991													91
1992													105
1993													117
1994													106
1995													107
1996													113
1997													112
1998													130
1999													105
2000													111
2001													110
2002													123
2003													109
2004													86
2005													82
2006													85
2007													83
2008													97
2009													119
2010													106
2011													108
2012													103
2013													170
2014													125
2015													120
2016													121
2017													128
2018													141
2019													126

ソリハシシギ　　学名 *Xenus cinereus*

年＼月	1	2	3	4	5	6	7	8	9	10	11	12	観察日数
1971～1975													58
1976													71
1977													76
1978													42
1979													56
1980													22
1981													24
1982													24
1983													53
1984													86
1985													113
1986													95
1987													75
1988													98
1989													82
1990													86
1991													91
1992													105
1993													117
1994													106
1995													107
1996													113
1997													112
1998													130
1999													105
2000													111
2001													110
2002													123
2003													109
2004													86
2005													82
2006													85
2007													83
2008													97
2009													119
2010													106
2011													108
2012													103
2013													170
2014													125
2015													120
2016													121
2017													128
2018													141
2019													126

イソシギ　　学名 *Actitis hypoleucos*

年＼月	1	2	3	4	5	6	7	8	9	10	11	12	観察日数
1971～1975													58
1976													71
1977													76
1978													42
1979													56
1980													22
1981													24
1982													24
1983													53
1984													86
1985													113
1986													95
1987													75
1988													98
1989													82
1990													86
1991													91
1992													105
1993													117
1994													106
1995													107
1996													113
1997													112
1998													130
1999													105
2000													111
2001													110
2002													123
2003													109
2004													86
2005													82
2006													85
2007													83
2008													97
2009													119
2010													106
2011													108
2012													103
2013													170
2014													125
2015													120
2016													121
2017													128
2018													141
2019													126

キョウジョシギ　　学名 *Arenaria interpres*

年＼月	1	2	3	4	5	6	7	8	9	10	11	12	観察日数
1971～1975													58
1976													71
1977													76
1978													42
1979													56
1980													22
1981													24
1982													24
1983													53
1984													86
1985													113
1986													95
1987													75
1988													98
1989													82
1990													86
1991													91
1992													105
1993													117
1994													106
1995													107
1996													113
1997													112
1998													130
1999													105
2000													111
2001													110
2002													123
2003													109
2004													86
2005													82
2006													85
2007													83
2008													97
2009													119
2010													106
2011													108
2012													103
2013													170
2014													125
2015													120
2016													121
2017													128
2018													141
2019													126

オバシギ　　学名 *Calidris tenuirostris*

年＼月	1	2	3	4	5	6	7	8	9	10	11	12	観察日数
1971～1975													58
1976													71
1977													76
1978													42
1979													56
1980													22
1981													24
1982													24
1983													53
1984													86
1985													113
1986													95
1987													75
1988													98
1989													82
1990													86
1991													91
1992													105
1993													117
1994													106
1995													107
1996													113
1997													112
1998													130
1999													105
2000													111
2001													110
2002													123
2003													109
2004													86
2005													82
2006													85
2007													83
2008													97
2009													119
2010													106
2011													108
2012													103
2013													170
2014													125
2015													120
2016													121
2017													128
2018													141
2019													126

トウネン　　学名 *Calidris ruficollis*

年＼月	1	2	3	4	5	6	7	8	9	10	11	12	観察日数
1971～1975													58
1976													71
1977													76
1978													42
1979													56
1980													22
1981													24
1982													24
1983													53
1984													86
1985													113
1986													95
1987													75
1988													98
1989													82
1990													86
1991													91
1992													105
1993													117
1994													106
1995													107
1996													113
1997													112
1998													130
1999													105
2000													111
2001													110
2002													123
2003													109
2004													86
2005													82
2006													85
2007													83
2008													97
2009													119
2010													106
2011													108
2012													103
2013													170
2014													125
2015													120
2016													121
2017													128
2018													141
2019													126

オジロトウネン　　学名 *Calidris temminckii*

年＼月	1	2	3	4	5	6	7	8	9	10	11	12	観察日数
1971～1975													58
1976													71
1977													76
1978													42
1979													56
1980													22
1981													24
1982													24
1983													53
1984													86
1985													113
1986													95
1987													75
1988													98
1989													82
1990													86
1991													91
1992													105
1993													117
1994													106
1995													107
1996													113
1997													112
1998													130
1999													105
2000													111
2001													110
2002													123
2003													109
2004													86
2005													82
2006													85
2007													83
2008													97
2009													119
2010													106
2011													108
2012													103
2013													170
2014													125
2015													120
2016													121
2017													128
2018													141
2019													126

ヒバリシギ　　学名 *Calidris subminuta*

年＼月	1	2	3	4	5	6	7	8	9	10	11	12	観察日数
1971～1975													58
1976													71
1977													76
1978													42
1979													56
1980													22
1981													24
1982													24
1983													53
1984													86
1985													113
1986													95
1987													75
1988													98
1989													82
1990													86
1991													91
1992													105
1993													117
1994													106
1995													107
1996													113
1997													112
1998													130
1999													105
2000													111
2001													110
2002													123
2003													109
2004													86
2005													82
2006													85
2007													83
2008													97
2009													119
2010													106
2011													108
2012													103
2013													170
2014													125
2015													120
2016													121
2017													128
2018													141
2019													126

ウズラシギ　学名 *Calidris acuminata*

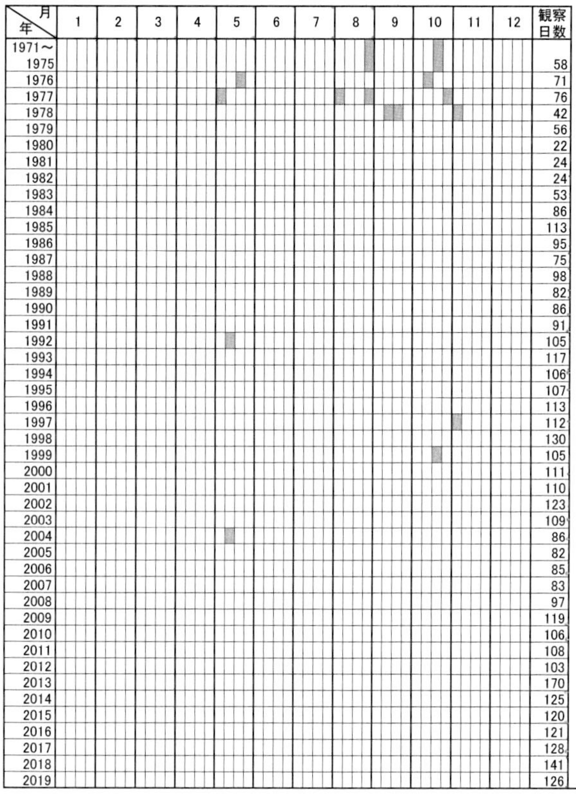

年＼月	1	2	3	4	5	6	7	8	9	10	11	12	観察日数
1971～1975													58
1976													71
1977													76
1978													42
1979													56
1980													22
1981													24
1982													24
1983													53
1984													86
1985													113
1986													95
1987													75
1988													98
1989													82
1990													86
1991													91
1992													105
1993													117
1994													106
1995													107
1996													113
1997													112
1998													130
1999													105
2000													111
2001													110
2002													123
2003													109
2004													86
2005													82
2006													85
2007													83
2008													97
2009													119
2010													106
2011													108
2012													103
2013													170
2014													125
2015													120
2016													121
2017													128
2018													141
2019													126

サルハマシギ　学名 *Calidris ferruginea*

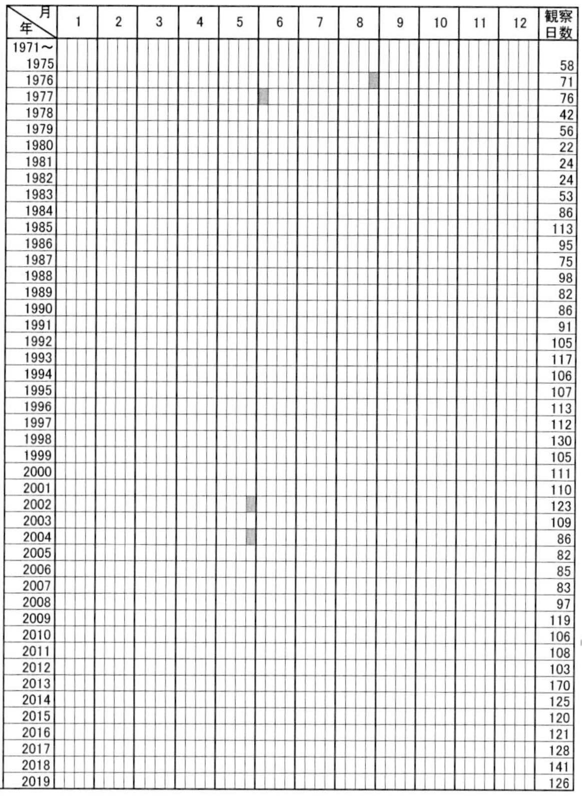

年＼月	1	2	3	4	5	6	7	8	9	10	11	12	観察日数
1971～1975													58
1976													71
1977													76
1978													42
1979													56
1980													22
1981													24
1982													24
1983													53
1984													86
1985													113
1986													95
1987													75
1988													98
1989													82
1990													86
1991													91
1992													105
1993													117
1994													106
1995													107
1996													113
1997													112
1998													130
1999													105
2000													111
2001													110
2002													123
2003													109
2004													86
2005													82
2006													85
2007													83
2008													97
2009													119
2010													106
2011													108
2012													103
2013													170
2014													125
2015													120
2016													121
2017													128
2018													141
2019													126

ハマシギ　学名 *Calidris alpina*

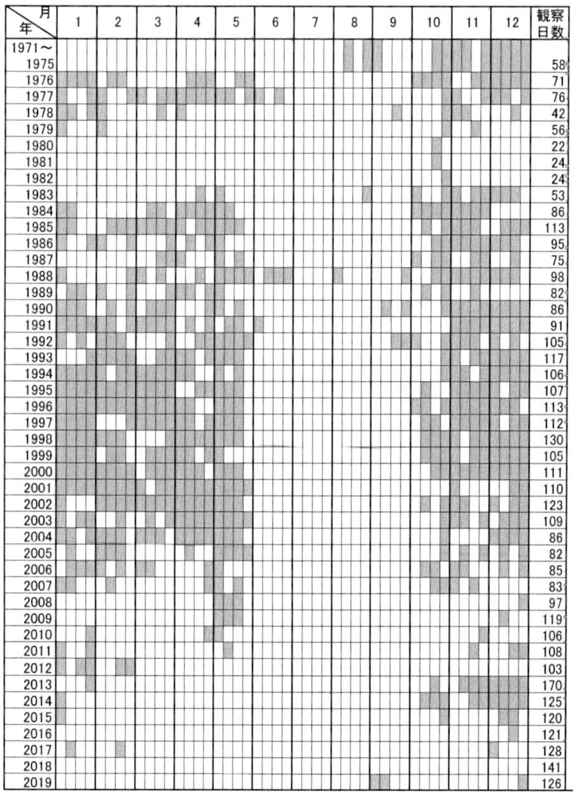

年＼月	1	2	3	4	5	6	7	8	9	10	11	12	観察日数
1971～1975													58
1976													71
1977													76
1978													42
1979													56
1980													22
1981													24
1982													24
1983													53
1984													86
1985													113
1986													95
1987													75
1988													98
1989													82
1990													86
1991													91
1992													105
1993													117
1994													106
1995													107
1996													113
1997													112
1998													130
1999													105
2000													111
2001													110
2002													123
2003													109
2004													86
2005													82
2006													85
2007													83
2008													97
2009													119
2010													106
2011													108
2012													103
2013													170
2014													125
2015													120
2016													121
2017													128
2018													141
2019													126

エリマキシギ　学名 *Philomachus pugnax*

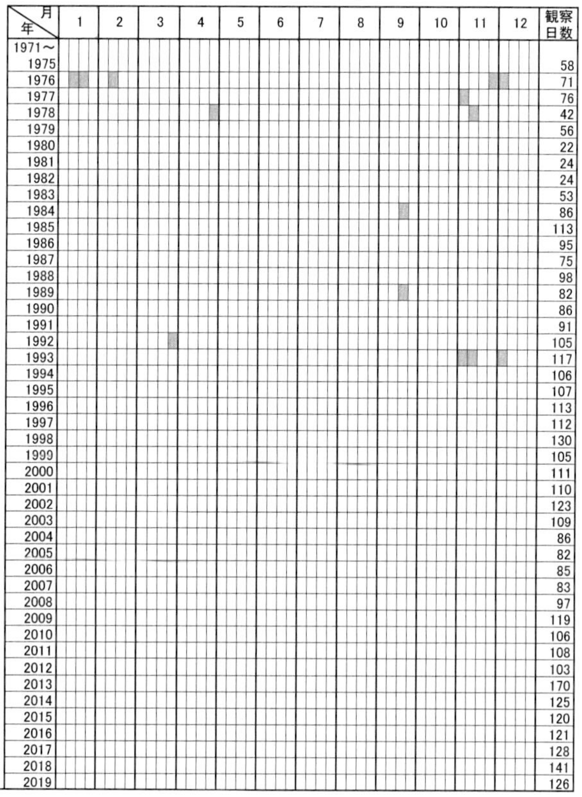

年＼月	1	2	3	4	5	6	7	8	9	10	11	12	観察日数
1971～1975													58
1976													71
1977													76
1978													42
1979													56
1980													22
1981													24
1982													24
1983													53
1984													86
1985													113
1986													95
1987													75
1988													98
1989													82
1990													86
1991													91
1992													105
1993													117
1994													106
1995													107
1996													113
1997													112
1998													130
1999													105
2000													111
2001													110
2002													123
2003													109
2004													86
2005													82
2006													85
2007													83
2008													97
2009													119
2010													106
2011													108
2012													103
2013													170
2014													125
2015													120
2016													121
2017													128
2018													141
2019													126

アカエリヒレアシシギ　学名 *Phalaropus lobatus*

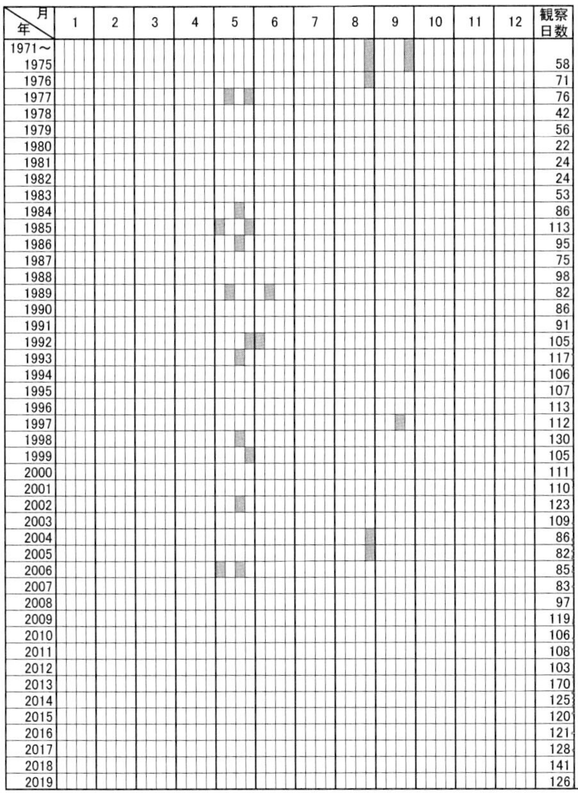

年＼月	1	2	3	4	5	6	7	8	9	10	11	12	観察日数
1971〜1975													58
1976													71
1977													76
1978													42
1979													56
1980													22
1981													24
1982													24
1983													53
1984													86
1985													113
1986													95
1987													75
1988													98
1989													82
1990													86
1991													91
1992													105
1993													117
1994													106
1995													107
1996													113
1997													112
1998													130
1999													105
2000													111
2001													110
2002													123
2003													109
2004													86
2005													82
2006													85
2007													83
2008													97
2009													119
2010													106
2011													108
2012													103
2013													170
2014													125
2015													120
2016													121
2017													128
2018													141
2019													126

ハイイロヒレアシシギ　学名 *Phalaropus fulicarius*

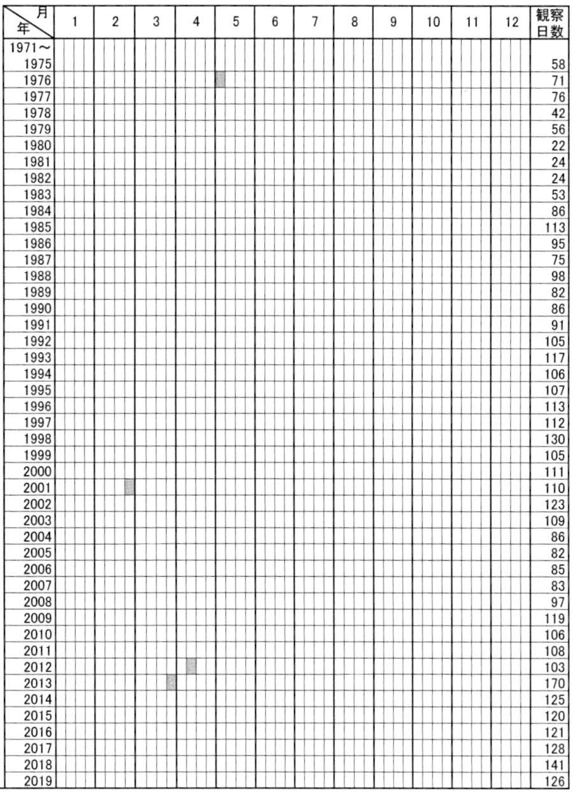

年＼月	1	2	3	4	5	6	7	8	9	10	11	12	観察日数
1971〜1975													58
1976													71
1977													76
1978													42
1979													56
1980													22
1981													24
1982													24
1983													53
1984													86
1985													113
1986													95
1987													75
1988													98
1989													82
1990													86
1991													91
1992													105
1993													117
1994													106
1995													107
1996													113
1997													112
1998													130
1999													105
2000													111
2001													110
2002													123
2003													109
2004													86
2005													82
2006													85
2007													83
2008													97
2009													119
2010													106
2011													108
2012													103
2013													170
2014													125
2015													120
2016													121
2017													128
2018													141
2019													126

ツバメチドリ　学名 *Glareola maldivarum*

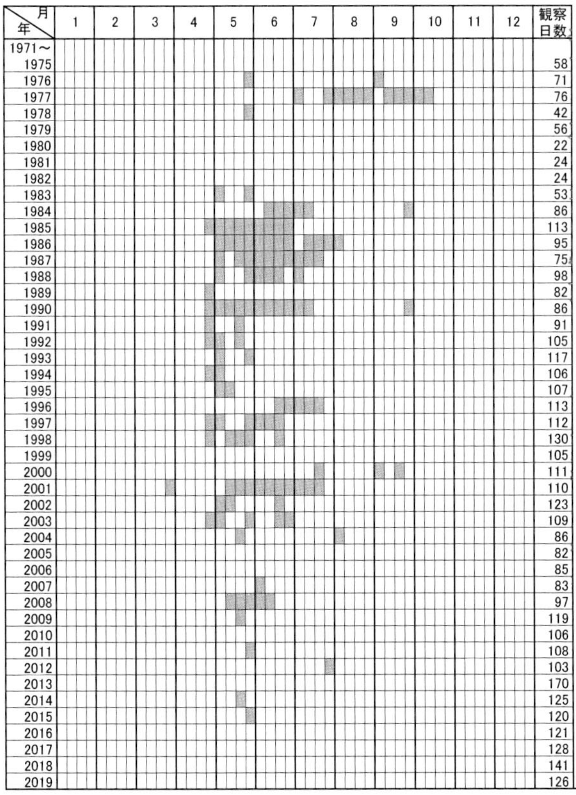

年＼月	1	2	3	4	5	6	7	8	9	10	11	12	観察日数
1971〜1975													58
1976													71
1977													76
1978													42
1979													56
1980													22
1981													24
1982													24
1983													53
1984													86
1985													113
1986													95
1987													75
1988													98
1989													82
1990													86
1991													91
1992													105
1993													117
1994													106
1995													107
1996													113
1997													112
1998													130
1999													105
2000													111
2001													110
2002													123
2003													109
2004													86
2005													82
2006													85
2007													83
2008													97
2009													119
2010													106
2011													108
2012													103
2013													170
2014													125
2015													120
2016													121
2017													128
2018													141
2019													126

ミツユビカモメ　学名 *Rissa tridactyla*

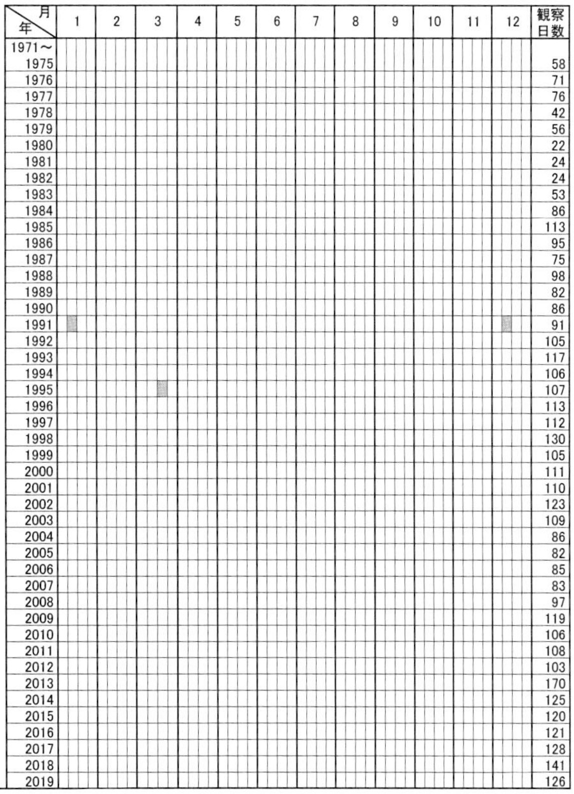

年＼月	1	2	3	4	5	6	7	8	9	10	11	12	観察日数
1971〜1975													58
1976													71
1977													76
1978													42
1979													56
1980													22
1981													24
1982													24
1983													53
1984													86
1985													113
1986													95
1987													75
1988													98
1989													82
1990													86
1991													91
1992													105
1993													117
1994													106
1995													107
1996													113
1997													112
1998													130
1999													105
2000													111
2001													110
2002													123
2003													109
2004													86
2005													82
2006													85
2007													83
2008													97
2009													119
2010													106
2011													108
2012													103
2013													170
2014													125
2015													120
2016													121
2017													128
2018													141
2019													126

ユリカモメ　　学名 *Larus ridibundus*

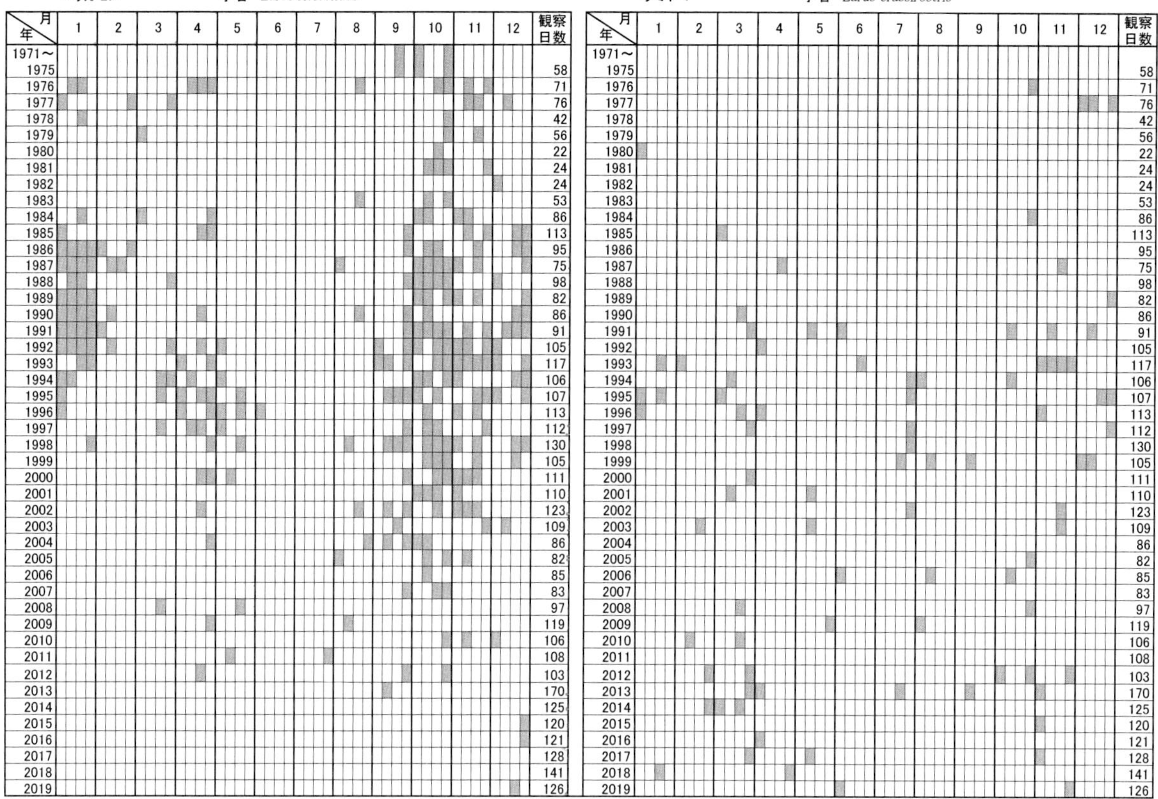

年＼月	1	2	3	4	5	6	7	8	9	10	11	12	観察日数
1971～1975													58
1976													71
1977													76
1978													42
1979													56
1980													22
1981													24
1982													24
1983													53
1984													86
1985													113
1986													95
1987													75
1988													98
1989													82
1990													86
1991													91
1992													105
1993													117
1994													106
1995													107
1996													113
1997													112
1998													130
1999													105
2000													111
2001													110
2002													123
2003													109
2004													86
2005													82
2006													85
2007													83
2008													97
2009													119
2010													106
2011													108
2012													103
2013													170
2014													125
2015													120
2016													121
2017													128
2018													141
2019													126

ウミネコ　　学名 *Larus crassirostris*

年＼月	1	2	3	4	5	6	7	8	9	10	11	12	観察日数
1971～1975													58
1976													71
1977													76
1978													42
1979													56
1980													22
1981													24
1982													24
1983													53
1984													86
1985													113
1986													95
1987													75
1988													98
1989													82
1990													86
1991													91
1992													105
1993													117
1994													106
1995													107
1996													113
1997													112
1998													130
1999													105
2000													111
2001													110
2002													123
2003													109
2004													86
2005													82
2006													85
2007													83
2008													97
2009													119
2010													106
2011													108
2012													103
2013													170
2014													125
2015													120
2016													121
2017													128
2018													141
2019													126

カモメ　　学名 *Larus canus*

年＼月	1	2	3	4	5	6	7	8	9	10	11	12	観察日数
1971～1975													58
1976													71
1977													76
1978													42
1979													56
1980													22
1981													24
1982													24
1983													53
1984													86
1985													113
1986													95
1987													75
1988													98
1989													82
1990													86
1991													91
1992													105
1993													117
1994													106
1995													107
1996													113
1997													112
1998													130
1999													105
2000													111
2001													110
2002													123
2003													109
2004													86
2005													82
2006													85
2007													83
2008													97
2009													119
2010													106
2011													108
2012													103
2013													170
2014													125
2015													120
2016													121
2017													128
2018													141
2019													126

シロカモメ　　学名 *Larus hyperboreus*

年＼月	1	2	3	4	5	6	7	8	9	10	11	12	観察日数
1971～1975													58
1976													71
1977													76
1978													42
1979													56
1980													22
1981													24
1982													24
1983													53
1984													86
1985													113
1986													95
1987													75
1988													98
1989													82
1990													86
1991													91
1992													105
1993													117
1994													106
1995													107
1996													113
1997													112
1998													130
1999													105
2000													111
2001													110
2002													123
2003													109
2004													86
2005													82
2006													85
2007													83
2008													97
2009													119
2010													106
2011													108
2012													103
2013													170
2014													125
2015													120
2016													121
2017													128
2018													141
2019													126

セグロカモメ　学名 *Larus argentatus*

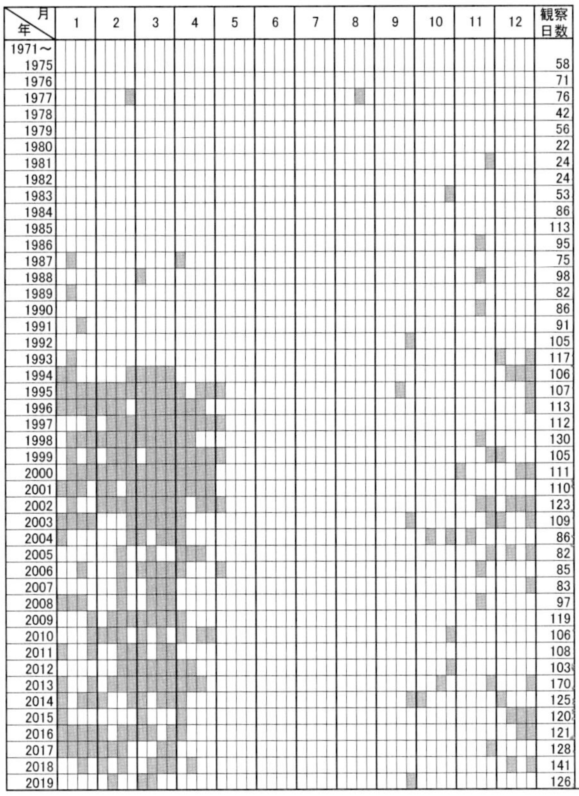

年＼月	1	2	3	4	5	6	7	8	9	10	11	12	観察日数
1971〜1975													58
1976													71
1977													76
1978													42
1979													56
1980													22
1981													24
1982													24
1983													53
1984													86
1985													113
1986													95
1987													75
1988													98
1989													82
1990													86
1991													91
1992													105
1993													117
1994													106
1995													107
1996													113
1997													112
1998													130
1999													105
2000													111
2001													110
2002													123
2003													109
2004													86
2005													82
2006													85
2007													83
2008													97
2009													119
2010													106
2011													108
2012													103
2013													170
2014													125
2015													120
2016													121
2017													128
2018													141
2019													126

オオセグロカモメ　学名 *Larus schistisagus*　(P115

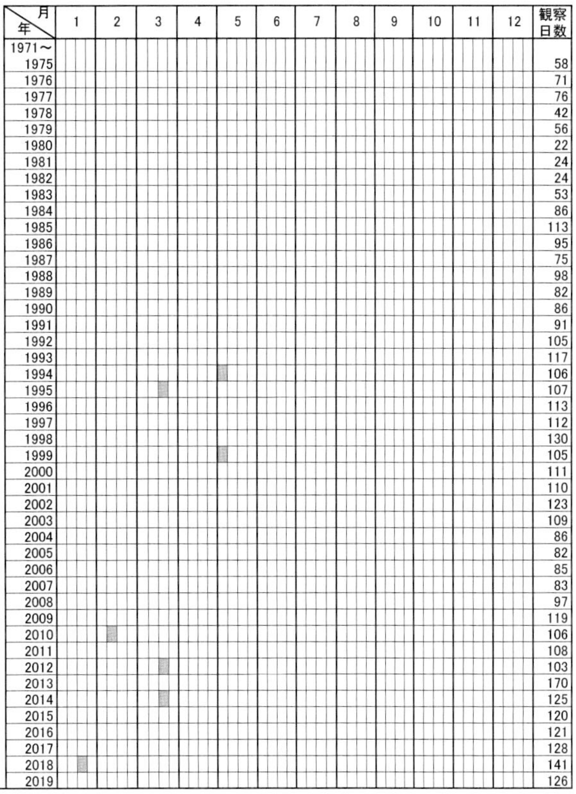

年＼月	1	2	3	4	5	6	7	8	9	10	11	12	観察日数
1971〜1975													58
1976													71
1977													76
1978													42
1979													56
1980													22
1981													24
1982													24
1983													53
1984													86
1985													113
1986													95
1987													75
1988													98
1989													82
1990													86
1991													91
1992													105
1993													117
1994													106
1995													107
1996													113
1997													112
1998													130
1999													105
2000													111
2001													110
2002													123
2003													109
2004													86
2005													82
2006													85
2007													83
2008													97
2009													119
2010													106
2011													108
2012													103
2013													170
2014													125
2015													120
2016													121
2017													128
2018													141
2019													126

コアジサシ　学名 *Sterna albifrons*

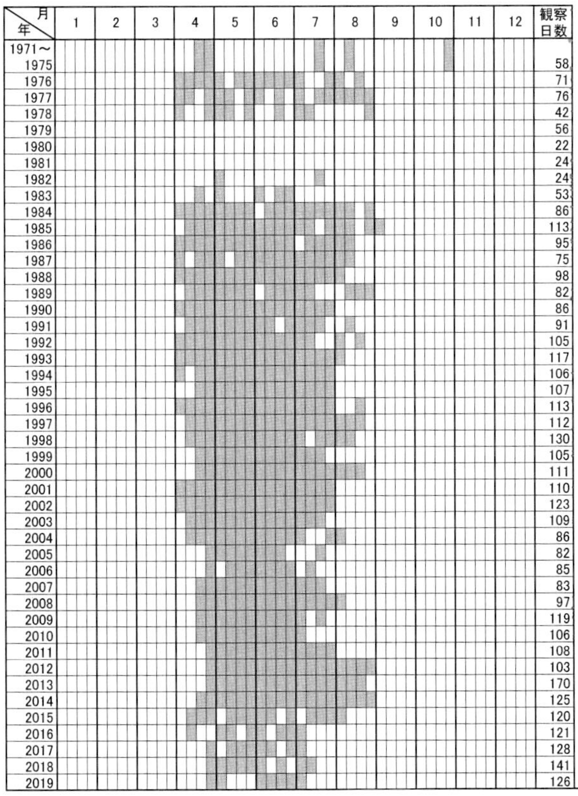

年＼月	1	2	3	4	5	6	7	8	9	10	11	12	観察日数
1971〜1975													58
1976													71
1977													76
1978													42
1979													56
1980													22
1981													24
1982													24
1983													53
1984													86
1985													113
1986													95
1987													75
1988													98
1989													82
1990													86
1991													91
1992													105
1993													117
1994													106
1995													107
1996													113
1997													112
1998													130
1999													105
2000													111
2001													110
2002													123
2003													109
2004													86
2005													82
2006													85
2007													83
2008													97
2009													119
2010													106
2011													108
2012													103
2013													170
2014													125
2015													120
2016													121
2017													128
2018													141
2019													126

コシジロアジサシ　学名 *Sterna aleutica*

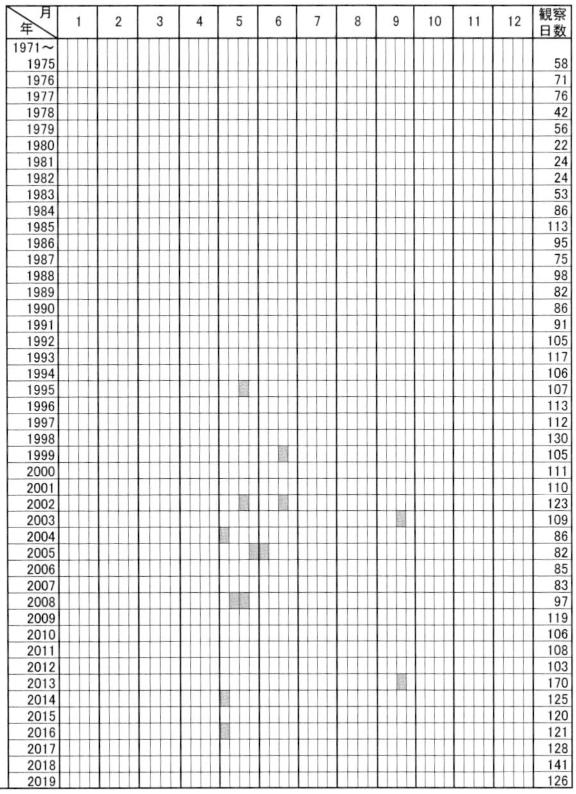

年＼月	1	2	3	4	5	6	7	8	9	10	11	12	観察日数
1971〜1975													58
1976													71
1977													76
1978													42
1979													56
1980													22
1981													24
1982													24
1983													53
1984													86
1985													113
1986													95
1987													75
1988													98
1989													82
1990													86
1991													91
1992													105
1993													117
1994													106
1995													107
1996													113
1997													112
1998													130
1999													105
2000													111
2001													110
2002													123
2003													109
2004													86
2005													82
2006													85
2007													83
2008													97
2009													119
2010													106
2011													108
2012													103
2013													170
2014													125
2015													120
2016													121
2017													128
2018													141
2019													126

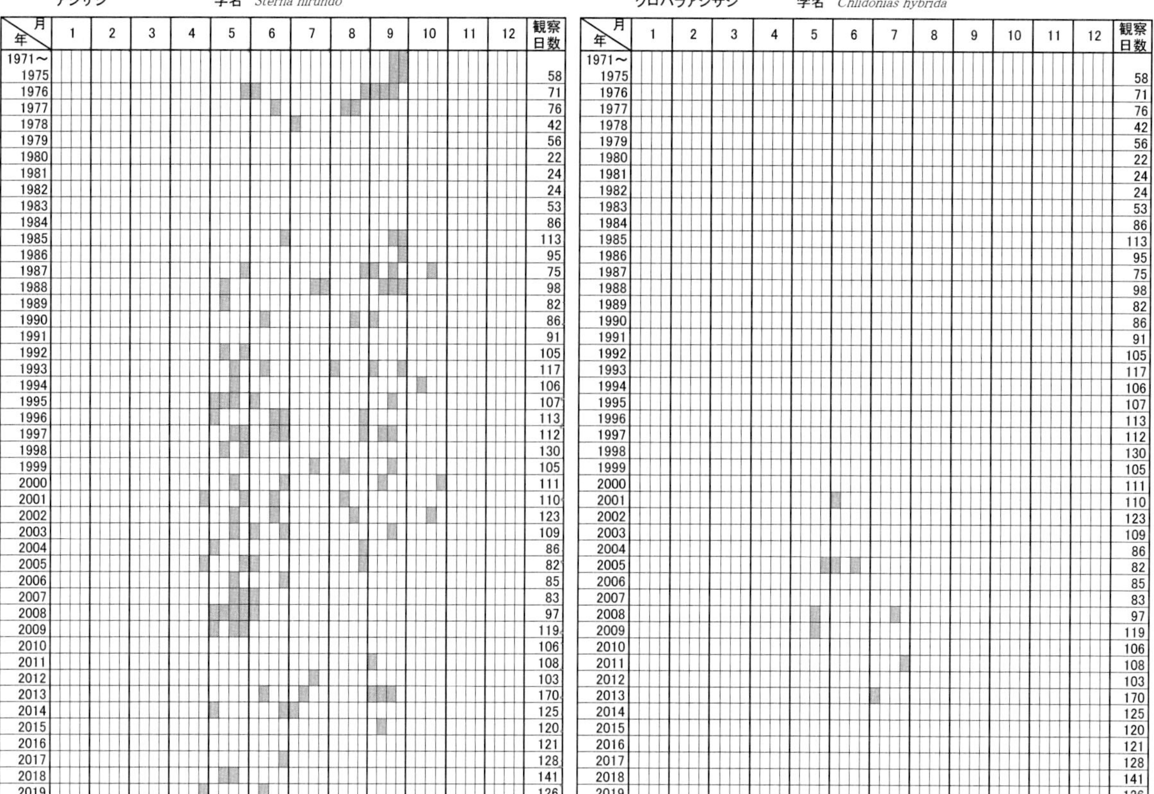

アジサシ　学名 *Sterna hirundo*

年＼月	1	2	3	4	5	6	7	8	9	10	11	12	観察日数
1971～													
1975													58
1976													71
1977													76
1978													42
1979													56
1980													22
1981													24
1982													24
1983													53
1984													86
1985													113
1986													95
1987													75
1988													98
1989													82
1990													86
1991													91
1992													105
1993													117
1994													106
1995													107
1996													113
1997													112
1998													130
1999													105
2000													111
2001													110
2002													123
2003													109
2004													86
2005													82
2006													85
2007													83
2008													97
2009													119
2010													106
2011													108
2012													103
2013													170
2014													125
2015													120
2016													121
2017													128
2018													141
2019													126

クロハラアジサシ　学名 *Chlidonias hybrida*

年＼月	1	2	3	4	5	6	7	8	9	10	11	12	観察日数
1971～													
1975													58
1976													71
1977													76
1978													42
1979													56
1980													22
1981													24
1982													24
1983													53
1984													86
1985													113
1986													95
1987													75
1988													98
1989													82
1990													86
1991													91
1992													105
1993													117
1994													106
1995													107
1996													113
1997													112
1998													130
1999													105
2000													111
2001													110
2002													123
2003													109
2004													86
2005													82
2006													85
2007													83
2008													97
2009													119
2010													106
2011													108
2012													103
2013													170
2014													125
2015													120
2016													121
2017													128
2018													141
2019													126

ハジロクロハラアジサシ　学名 *Chlidonias leucopterus*

年＼月	1	2	3	4	5	6	7	8	9	10	11	12	観察日数
1971～													
1975													58
1976													71
1977													76
1978													42
1979													56
1980													22
1981													24
1982													24
1983													53
1984													86
1985													113
1986													95
1987													75
1988													98
1989													82
1990													86
1991													91
1992													105
1993													117
1994													106
1995													107
1996													113
1997													112
1998													130
1999													105
2000													111
2001													110
2002													123
2003													109
2004													86
2005													82
2006													85
2007													83
2008													97
2009													119
2010													106
2011													108
2012													103
2013													170
2014													125
2015													120
2016													121
2017													128
2018													141
2019													126

シロハラトウゾクカモメ　学名 *Stercorarius longicaudus*

年＼月	1	2	3	4	5	6	7	8	9	10	11	12	観察日数
1971～													
1975													58
1976													71
1977													76
1978													42
1979													56
1980													22
1981													24
1982													24
1983													53
1984													86
1985													113
1986													95
1987													75
1988													98
1989													82
1990													86
1991													91
1992													105
1993													117
1994													106
1995													107
1996													113
1997													112
1998													130
1999													105
2000													111
2001													110
2002													123
2003													109
2004													86
2005													82
2006													85
2007													83
2008													97
2009													119
2010													106
2011													108
2012													103
2013													170
2014													125
2015													120
2016													121
2017													128
2018													141
2019													126

ミサゴ　　学名 *Pandion haliaetus*

年＼月	1	2	3	4	5	6	7	8	9	10	11	12	観察日数
1971～1975													58
1976													71
1977													76
1978													42
1979													56
1980													22
1981													24
1982													24
1983													53
1984													86
1985													113
1986													95
1987													75
1988													98
1989													82
1990													86
1991													91
1992													105
1993													117
1994													106
1995													107
1996													113
1997													112
1998													130
1999													105
2000													111
2001													110
2002													123
2003													109
2004													86
2005													82
2006													85
2007													83
2008													97
2009													119
2010													106
2011													108
2012													103
2013													170
2014													125
2015													120
2016													121
2017													128
2018													141
2019													126

ハチクマ　　学名 *Pernis ptilorhynchus*

年＼月	1	2	3	4	5	6	7	8	9	10	11	12	観察日数
1971～1975													58
1976													71
1977													76
1978													42
1979													56
1980													22
1981													24
1982													24
1983													53
1984													86
1985													113
1986													95
1987													75
1988													98
1989													82
1990													86
1991													91
1992													105
1993													117
1994													106
1995													107
1996													113
1997													112
1998													130
1999													105
2000													111
2001													110
2002													123
2003													109
2004													86
2005													82
2006													85
2007													83
2008													97
2009													119
2010													106
2011													108
2012													103
2013													170
2014													125
2015													120
2016													121
2017													128
2018													141
2019													126

トビ　　学名 *Milvus migrans*

年＼月	1	2	3	4	5	6	7	8	9	10	11	12	観察日数
1971～1975													58
1976													71
1977													76
1978													42
1979													56
1980													22
1981													24
1982													24
1983													53
1984													86
1985													113
1986													95
1987													75
1988													98
1989													82
1990													86
1991													91
1992													105
1993													117
1994													106
1995													107
1996													113
1997													112
1998													130
1999													105
2000													111
2001													110
2002													123
2003													109
2004													86
2005													82
2006													85
2007													83
2008													97
2009													119
2010													106
2011													108
2012													103
2013													170
2014													125
2015													120
2016													121
2017													128
2018													141
2019													126

オジロワシ　　学名 *Haliaeetus albicilla*

年＼月	1	2	3	4	5	6	7	8	9	10	11	12	観察日数
1971～1975													58
1976													71
1977													76
1978													42
1979													56
1980													22
1981													24
1982													24
1983													53
1984													86
1985													113
1986													95
1987													75
1988													98
1989													82
1990													86
1991													91
1992													105
1993													117
1994													106
1995													107
1996													113
1997													112
1998													130
1999													105
2000													111
2001													110
2002													123
2003													109
2004													86
2005													82
2006													85
2007													83
2008													97
2009													119
2010													106
2011													108
2012													103
2013													170
2014													125
2015													120
2016													121
2017													128
2018													141
2019													126

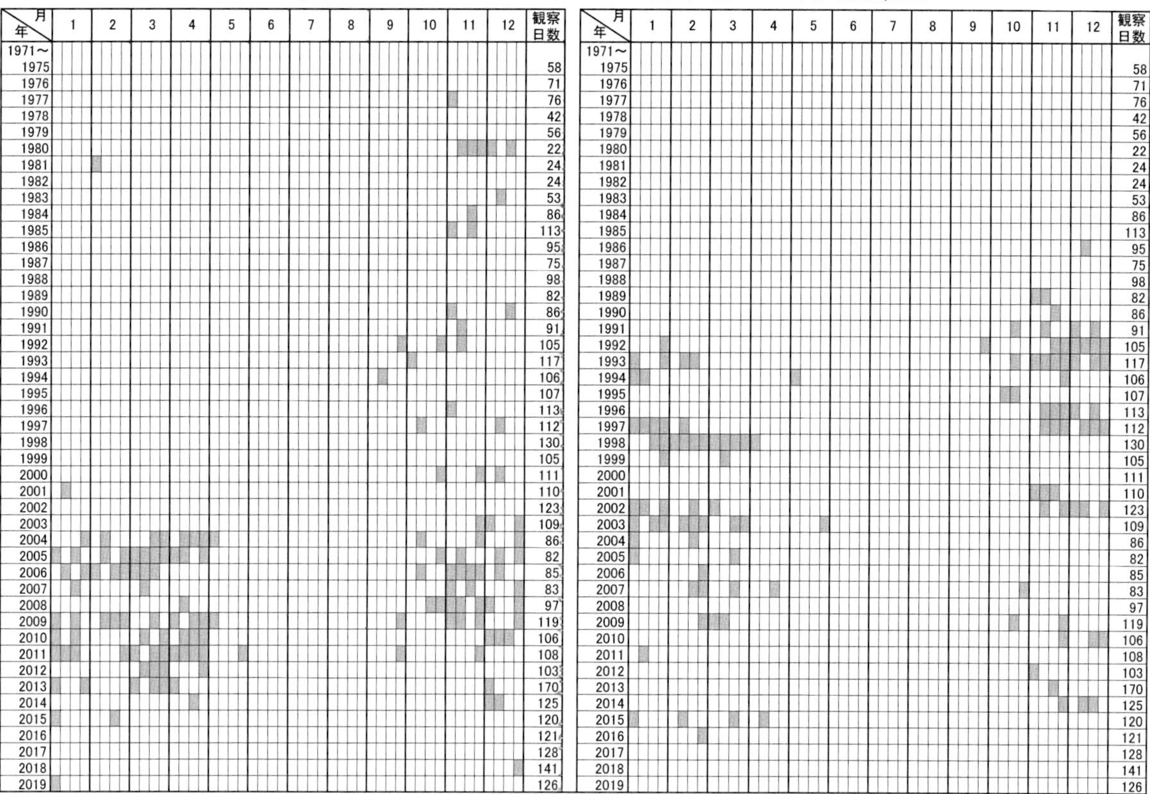

チュウヒ　学名 *Circus spilonotus*

年＼月	1	2	3	4	5	6	7	8	9	10	11	12	観察日数
1971～1975													58
1976													71
1977													76
1978													42
1979													56
1980													22
1981													24
1982													24
1983													53
1984													86
1985													113
1986													95
1987													75
1988													98
1989													82
1990													86
1991													91
1992													105
1993													117
1994													106
1995													107
1996													113
1997													112
1998													130
1999													105
2000													111
2001													110
2002													123
2003													109
2004													86
2005													82
2006													85
2007													83
2008													97
2009													119
2010													106
2011													108
2012													103
2013													170
2014													125
2015													120
2016													121
2017													128
2018													141
2019													126

ハイイロチュウヒ　学名 *Circus cyaneus*

年＼月	1	2	3	4	5	6	7	8	9	10	11	12	観察日数
1971～1975													58
1976													71
1977													76
1978													42
1979													56
1980													22
1981													24
1982													24
1983													53
1984													86
1985													113
1986													95
1987													75
1988													98
1989													82
1990													86
1991													91
1992													105
1993													117
1994													106
1995													107
1996													113
1997													112
1998													130
1999													105
2000													111
2001													110
2002													123
2003													109
2004													86
2005													82
2006													85
2007													83
2008													97
2009													119
2010													106
2011													108
2012													103
2013													170
2014													125
2015													120
2016													121
2017													128
2018													141
2019													126

ツミ　学名 *Accipiter gularis*

年＼月	1	2	3	4	5	6	7	8	9	10	11	12	観察日数
1971～1975													58
1976													71
1977													76
1978													42
1979													56
1980													22
1981													24
1982													24
1983													53
1984													86
1985													113
1986													95
1987													75
1988													98
1989													82
1990													86
1991													91
1992													105
1993													117
1994													106
1995													107
1996													113
1997													112
1998													130
1999													105
2000													111
2001													110
2002													123
2003													109
2004													86
2005													82
2006													85
2007													83
2008													97
2009													119
2010													106
2011													108
2012													103
2013													170
2014													125
2015													120
2016													121
2017													128
2018													141
2019													126

ハイタカ　学名 *Accipiter nisus*

年＼月	1	2	3	4	5	6	7	8	9	10	11	12	観察日数
1971～1975													58
1976													71
1977													76
1978													42
1979													56
1980													22
1981													24
1982													24
1983													53
1984													86
1985													113
1986													95
1987													75
1988													98
1989													82
1990													86
1991													91
1992													105
1993													117
1994													106
1995													107
1996													113
1997													112
1998													130
1999													105
2000													111
2001													110
2002													123
2003													109
2004													86
2005													82
2006													85
2007													83
2008													97
2009													119
2010													106
2011													108
2012													103
2013													170
2014													125
2015													120
2016													121
2017													128
2018													141
2019													126

オオタカ　学名 *Accipiter gentilis*

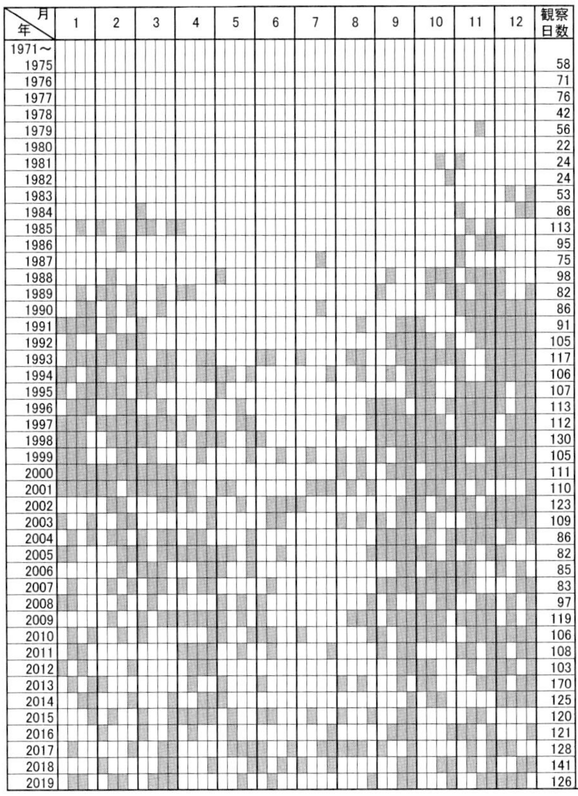

年＼月	1	2	3	4	5	6	7	8	9	10	11	12	観察日数
1971～													
1975													58
1976													71
1977													76
1978													42
1979													56
1980													22
1981													24
1982													24
1983													53
1984													86
1985													113
1986													95
1987													75
1988													98
1989													82
1990													86
1991													91
1992													105
1993													117
1994													106
1995													107
1996													113
1997													112
1998													130
1999													105
2000													111
2001													110
2002													123
2003													109
2004													86
2005													82
2006													85
2007													83
2008													97
2009													119
2010													106
2011													108
2012													103
2013													170
2014													125
2015													120
2016													121
2017													128
2018													141
2019													126

サシバ　学名 *Butastur indicus*

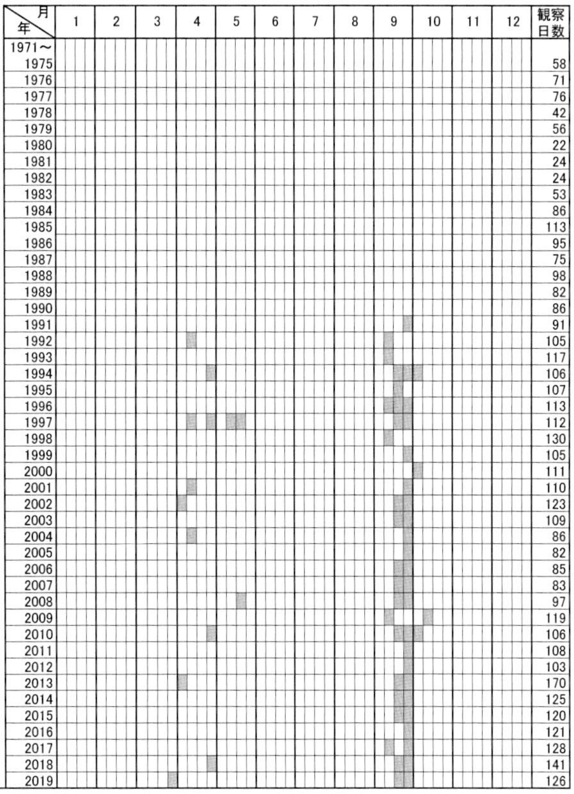

年＼月	1	2	3	4	5	6	7	8	9	10	11	12	観察日数
1971～													
1975													58
1976													71
1977													76
1978													42
1979													56
1980													22
1981													24
1982													24
1983													53
1984													86
1985													113
1986													95
1987													75
1988													98
1989													82
1990													86
1991													91
1992													105
1993													117
1994													106
1995													107
1996													113
1997													112
1998													130
1999													105
2000													111
2001													110
2002													123
2003													109
2004													86
2005													82
2006													85
2007													83
2008													97
2009													119
2010													106
2011													108
2012													103
2013													170
2014													125
2015													120
2016													121
2017													128
2018													141
2019													126

ノスリ　学名 *Buteo buteo*

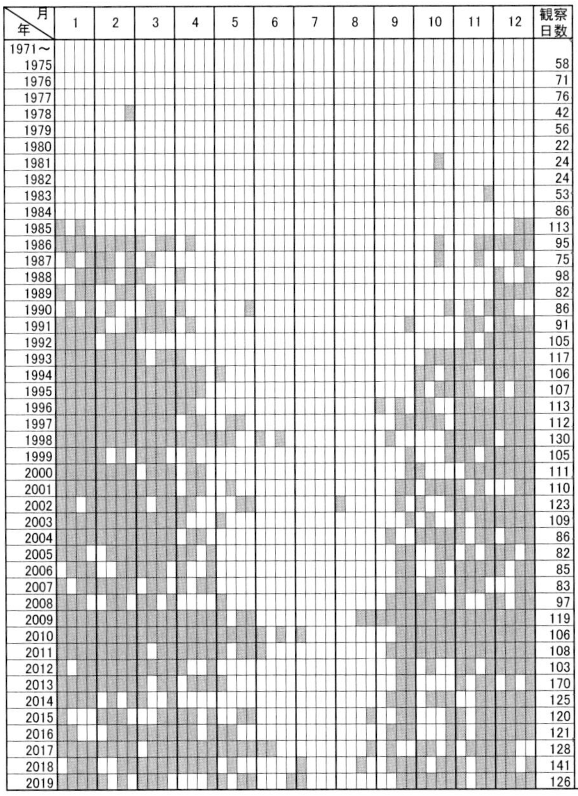

年＼月	1	2	3	4	5	6	7	8	9	10	11	12	観察日数
1971～													
1975													58
1976													71
1977													76
1978													42
1979													56
1980													22
1981													24
1982													24
1983													53
1984													86
1985													113
1986													95
1987													75
1988													98
1989													82
1990													86
1991													91
1992													105
1993													117
1994													106
1995													107
1996													113
1997													112
1998													130
1999													105
2000													111
2001													110
2002													123
2003													109
2004													86
2005													82
2006													85
2007													83
2008													97
2009													119
2010													106
2011													108
2012													103
2013													170
2014													125
2015													120
2016													121
2017													128
2018													141
2019													126

ケアシノスリ　学名 *Buteo lagopus*

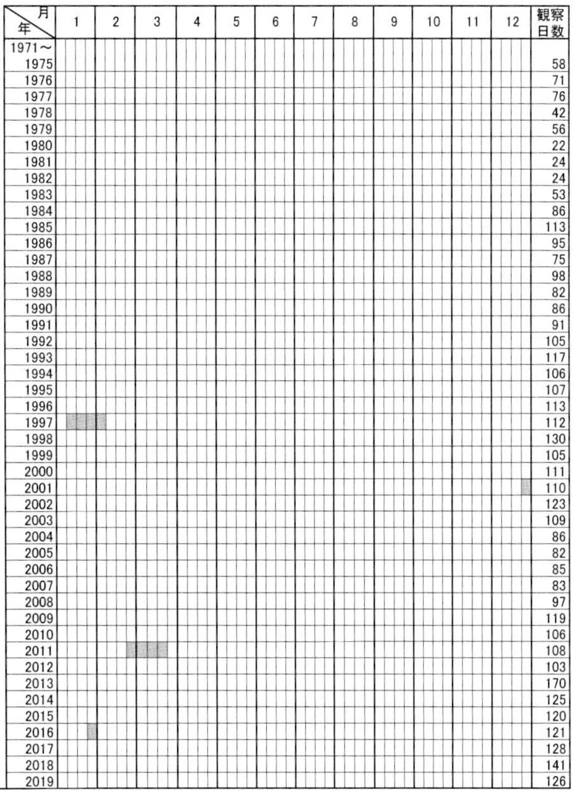

年＼月	1	2	3	4	5	6	7	8	9	10	11	12	観察日数
1971～													
1975													58
1976													71
1977													76
1978													42
1979													56
1980													22
1981													24
1982													24
1983													53
1984													86
1985													113
1986													95
1987													75
1988													98
1989													82
1990													86
1991													91
1992													105
1993													117
1994													106
1995													107
1996													113
1997													112
1998													130
1999													105
2000													111
2001													110
2002													123
2003													109
2004													86
2005													82
2006													85
2007													83
2008													97
2009													119
2010													106
2011													108
2012													103
2013													170
2014													125
2015													120
2016													121
2017													128
2018													141
2019													126

コミミズク　学名 *Asio flammeus*

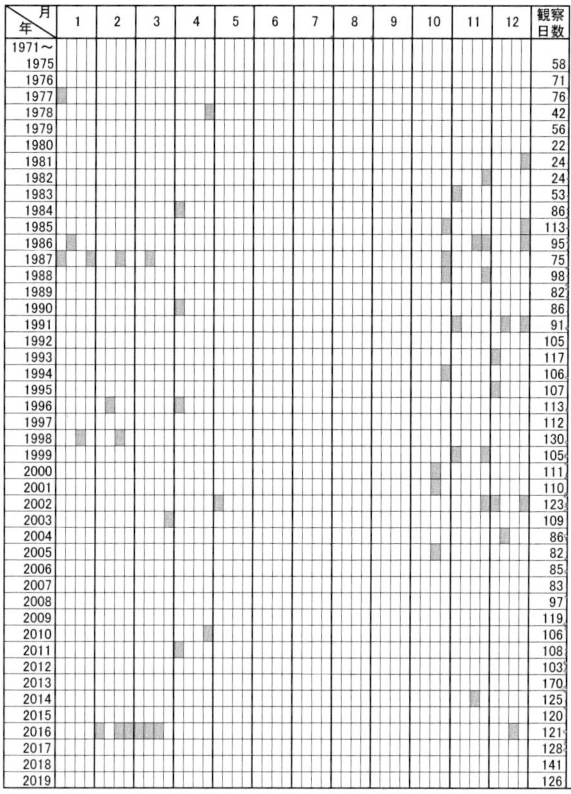

年＼月	1	2	3	4	5	6	7	8	9	10	11	12	観察日数
1971～1975													58
1976													71
1977													76
1978													42
1979													56
1980													22
1981													24
1982													24
1983													53
1984													86
1985													113
1986													95
1987													75
1988													98
1989													82
1990													86
1991													91
1992													105
1993													117
1994													106
1995													107
1996													113
1997													112
1998													130
1999													105
2000													111
2001													110
2002													123
2003													109
2004													86
2005													82
2006													85
2007													83
2008													97
2009													119
2010													106
2011													108
2012													103
2013													170
2014													125
2015													120
2016													121
2017													128
2018													141
2019													126

ヤツガシラ　学名 *Upupa epops*

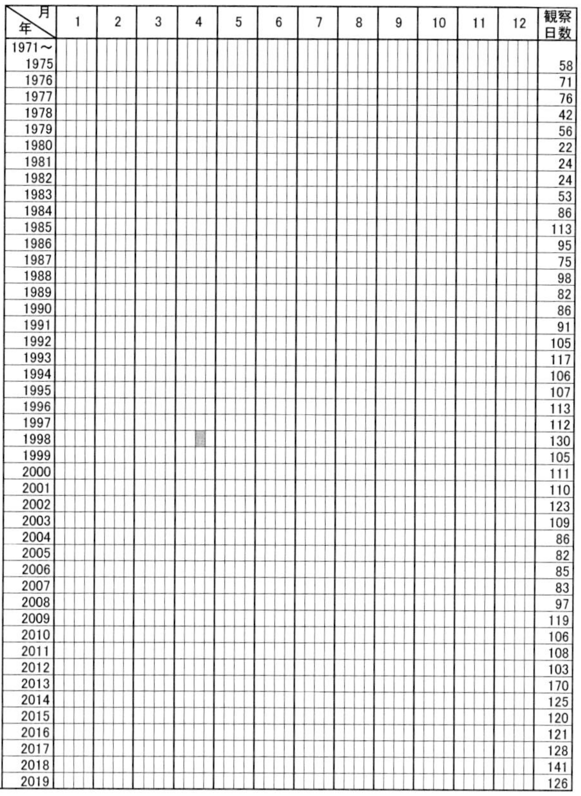

年＼月	1	2	3	4	5	6	7	8	9	10	11	12	観察日数
1971～1975													58
1976													71
1977													76
1978													42
1979													56
1980													22
1981													24
1982													24
1983													53
1984													86
1985													113
1986													95
1987													75
1988													98
1989													82
1990													86
1991													91
1992													105
1993													117
1994													106
1995													107
1996													113
1997													112
1998													130
1999													105
2000													111
2001													110
2002													123
2003													109
2004													86
2005													82
2006													85
2007													83
2008													97
2009													119
2010													106
2011													108
2012													103
2013													170
2014													125
2015													120
2016													121
2017													128
2018													141
2019													126

カワセミ　学名 *Alcedo atthis*

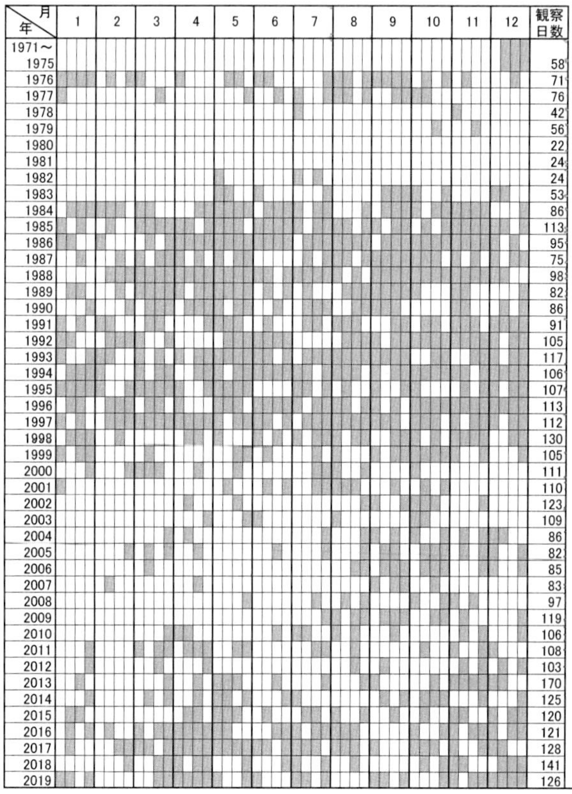

年＼月	1	2	3	4	5	6	7	8	9	10	11	12	観察日数
1971～1975													58
1976													71
1977													76
1978													42
1979													56
1980													22
1981													24
1982													24
1983													53
1984													86
1985													113
1986													95
1987													75
1988													98
1989													82
1990													86
1991													91
1992													105
1993													117
1994													106
1995													107
1996													113
1997													112
1998													130
1999													105
2000													111
2001													110
2002													123
2003													109
2004													86
2005													82
2006													85
2007													83
2008													97
2009													119
2010													106
2011													108
2012													103
2013													170
2014													125
2015													120
2016													121
2017													128
2018													141
2019													126

ヤマセミ　学名 *Megaceryle lugubris*

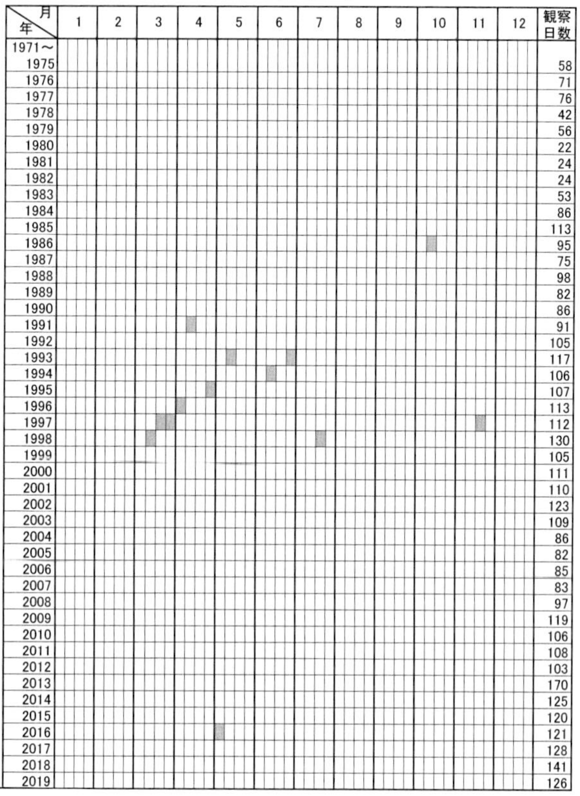

年＼月	1	2	3	4	5	6	7	8	9	10	11	12	観察日数
1971～1975													58
1976													71
1977													76
1978													42
1979													56
1980													22
1981													24
1982													24
1983													53
1984													86
1985													113
1986													95
1987													75
1988													98
1989													82
1990													86
1991													91
1992													105
1993													117
1994													106
1995													107
1996													113
1997													112
1998													130
1999													105
2000													111
2001													110
2002													123
2003													109
2004													86
2005													82
2006													85
2007													83
2008													97
2009													119
2010													106
2011													108
2012													103
2013													170
2014													125
2015													120
2016													121
2017													128
2018													141
2019													126

アリスイ　　学名 *Jynx torquilla*

年＼月	1	2	3	4	5	6	7	8	9	10	11	12	観察日数
1971〜1975													58
1976													71
1977													76
1978													42
1979													56
1980													22
1981													24
1982													24
1983													53
1984													86
1985													113
1986													95
1987													75
1988													98
1989													82
1990													86
1991													91
1992													105
1993													117
1994													106
1995													107
1996													113
1997													112
1998													130
1999													105
2000													111
2001													110
2002													123
2003													109
2004													86
2005													82
2006													85
2007													83
2008													97
2009													119
2010													106
2011													108
2012													103
2013													170
2014													125
2015													120
2016													121
2017													128
2018													141
2019													126

コゲラ　　学名 *Dendrocopos kizuki*

年＼月	1	2	3	4	5	6	7	8	9	10	11	12	観察日数
1971〜1975													58
1976													71
1977													76
1978													42
1979													56
1980													22
1981													24
1982													24
1983													53
1984													86
1985													113
1986													95
1987													75
1988													98
1989													82
1990													86
1991													91
1992													105
1993													117
1994													106
1995													107
1996													113
1997													112
1998													130
1999													105
2000													111
2001													110
2002													123
2003													109
2004													86
2005													82
2006													85
2007													83
2008													97
2009													119
2010													106
2011													108
2012													103
2013													170
2014													125
2015													120
2016													121
2017													128
2018													141
2019													126

アカゲラ　　学名 *Dendrocopos major*

年＼月	1	2	3	4	5	6	7	8	9	10	11	12	観察日数
1971〜1975													58
1976													71
1977													76
1978													42
1979													56
1980													22
1981													24
1982													24
1983													53
1984													86
1985													113
1986													95
1987													75
1988													98
1989													82
1990													86
1991													91
1992													105
1993													117
1994													106
1995													107
1996													113
1997													112
1998													130
1999													105
2000													111
2001													110
2002													123
2003													109
2004													86
2005													82
2006													85
2007													83
2008													97
2009													119
2010													106
2011													108
2012													103
2013													170
2014													125
2015													120
2016													121
2017													128
2018													141
2019													126

アオゲラ　　学名 *Picus awokera*

年＼月	1	2	3	4	5	6	7	8	9	10	11	12	観察日数
1971〜1975													58
1976													71
1977													76
1978													42
1979													56
1980													22
1981													24
1982													24
1983													53
1984													86
1985													113
1986													95
1987													75
1988													98
1989													82
1990													86
1991													91
1992													105
1993													117
1994													106
1995													107
1996													113
1997													112
1998													130
1999													105
2000													111
2001													110
2002													123
2003													109
2004													86
2005													82
2006													85
2007													83
2008													97
2009													119
2010													106
2011													108
2012													103
2013													170
2014													125
2015													120
2016													121
2017													128
2018													141
2019													126

チョウゲンボウ　学名 *Falco tinnunculus*　　コチョウゲンボウ　学名 *Falco columbarius*

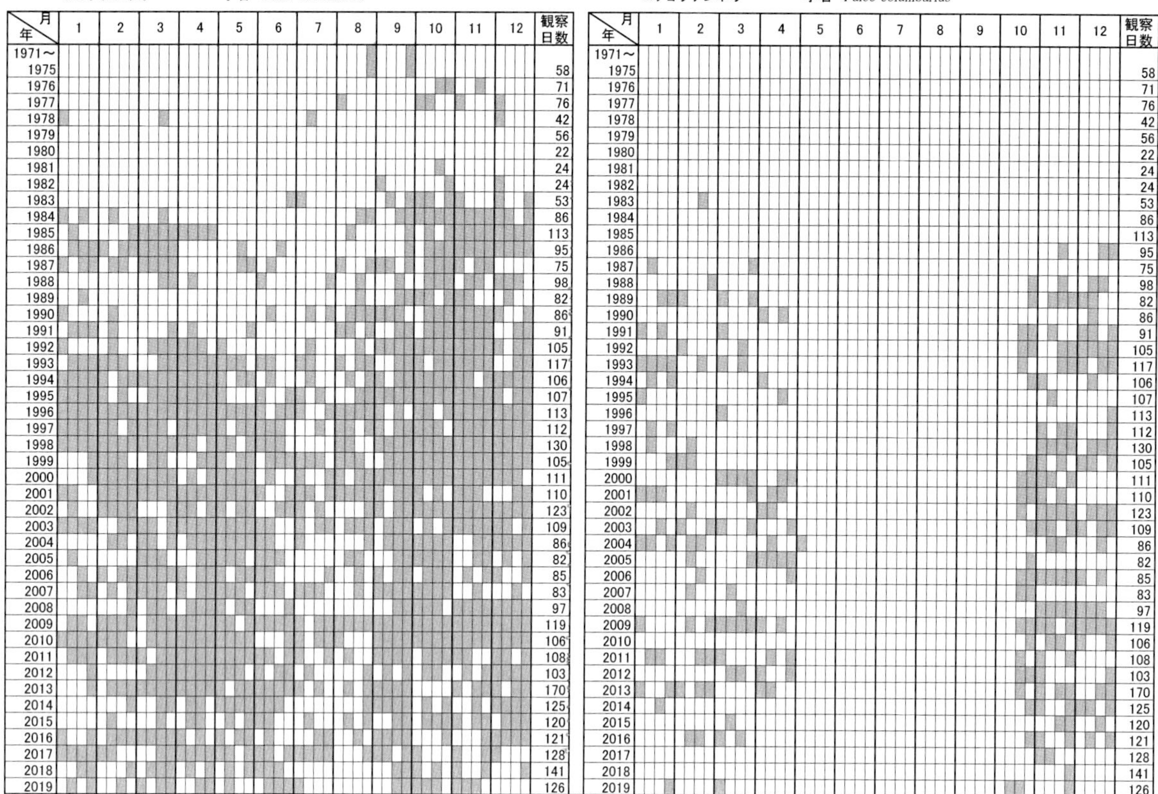

チョウゲンボウ　学名 *Falco tinnunculus*

年＼月	1	2	3	4	5	6	7	8	9	10	11	12	観察日数
1971～1975													58
1976													71
1977													76
1978													42
1979													56
1980													22
1981													24
1982													24
1983													53
1984													86
1985													113
1986													95
1987													75
1988													98
1989													82
1990													86
1991													91
1992													105
1993													117
1994													106
1995													107
1996													113
1997													112
1998													130
1999													105
2000													111
2001													110
2002													123
2003													109
2004													86
2005													82
2006													85
2007													83
2008													97
2009													119
2010													106
2011													108
2012													103
2013													170
2014													125
2015													120
2016													121
2017													128
2018													141
2019													126

コチョウゲンボウ　学名 *Falco columbarius*

年＼月	1	2	3	4	5	6	7	8	9	10	11	12	観察日数
1971～1975													58
1976													71
1977													76
1978													42
1979													56
1980													22
1981													24
1982													24
1983													53
1984													86
1985													113
1986													95
1987													75
1988													98
1989													82
1990													86
1991													91
1992													105
1993													117
1994													106
1995													107
1996													113
1997													112
1998													130
1999													105
2000													111
2001													110
2002													123
2003													109
2004													86
2005													82
2006													85
2007													83
2008													97
2009													119
2010													106
2011													108
2012													103
2013													170
2014													125
2015													120
2016													121
2017													128
2018													141
2019													126

チゴハヤブサ　学名 *Falco subbuteo*

年＼月	1	2	3	4	5	6	7	8	9	10	11	12	観察日数
1971～1975													58
1976													71
1977													76
1978													42
1979													56
1980													22
1981													24
1982													24
1983													53
1984													86
1985													113
1986													95
1987													75
1988													98
1989													82
1990													86
1991													91
1992													105
1993													117
1994													106
1995													107
1996													113
1997													112
1998													130
1999													105
2000													111
2001													110
2002													123
2003													109
2004													86
2005													82
2006													85
2007													83
2008													97
2009													119
2010													106
2011													108
2012													103
2013													170
2014													125
2015													120
2016													121
2017													128
2018													141
2019													126

ハヤブサ　学名 *Falco peregrinus*

年＼月	1	2	3	4	5	6	7	8	9	10	11	12	観察日数
1971～1975													58
1976													71
1977													76
1978													42
1979													56
1980													22
1981													24
1982													24
1983													53
1984													86
1985													113
1986													95
1987													75
1988													98
1989													82
1990													86
1991													91
1992													105
1993													117
1994													106
1995													107
1996													113
1997													112
1998													130
1999													105
2000													111
2001													110
2002													123
2003													109
2004													86
2005													82
2006													85
2007													83
2008													97
2009													119
2010													106
2011													108
2012													103
2013													170
2014													125
2015													120
2016													121
2017													128
2018													141
2019													126

オウチュウ　学名 *Dicrurus macrocercus*

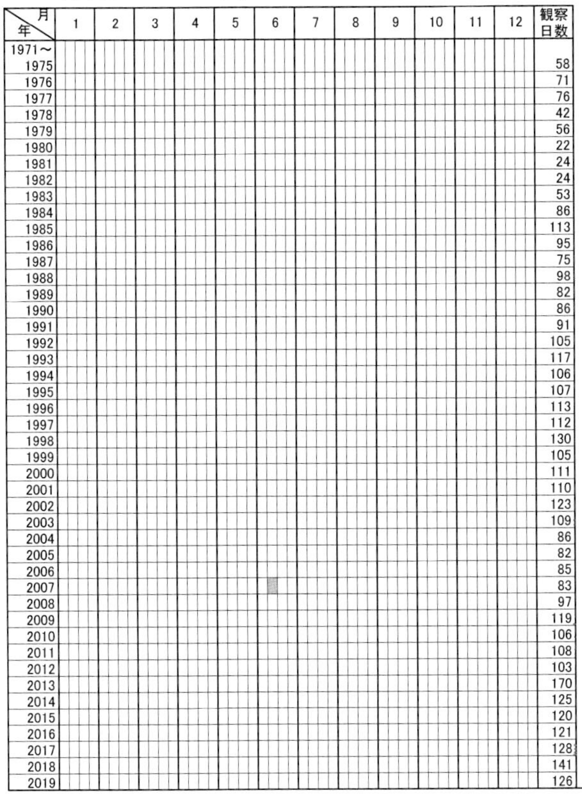

年＼月	1	2	3	4	5	6	7	8	9	10	11	12	観察日数
1971～1975													58
1976													71
1977													76
1978													42
1979													56
1980													22
1981													24
1982													24
1983													53
1984													86
1985													113
1986													95
1987													75
1988													98
1989													82
1990													86
1991													91
1992													105
1993													117
1994													106
1995													107
1996													113
1997													112
1998													130
1999													105
2000													111
2001													110
2002													123
2003													109
2004													86
2005													82
2006													85
2007													83
2008													97
2009													119
2010													106
2011													108
2012													103
2013													170
2014													125
2015													120
2016													121
2017													128
2018													141
2019													126

モズ　学名 *Lanius bucephalus*

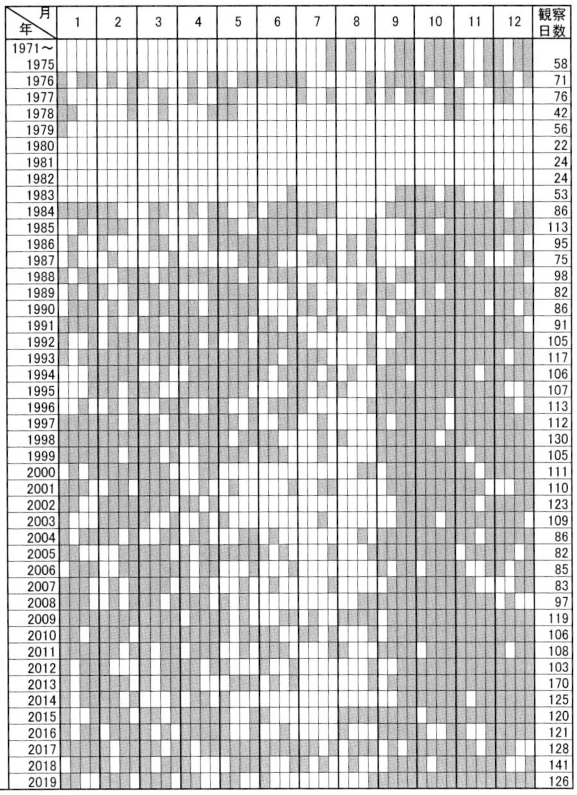

年＼月	1	2	3	4	5	6	7	8	9	10	11	12	観察日数
1971～1975													58
1976													71
1977													76
1978													42
1979													56
1980													22
1981													24
1982													24
1983													53
1984													86
1985													113
1986													95
1987													75
1988													98
1989													82
1990													86
1991													91
1992													105
1993													117
1994													106
1995													107
1996													113
1997													112
1998													130
1999													105
2000													111
2001													110
2002													123
2003													109
2004													86
2005													82
2006													85
2007													83
2008													97
2009													119
2010													106
2011													108
2012													103
2013													170
2014													125
2015													120
2016													121
2017													128
2018													141
2019													126

セアカモズ　学名 *Lanius collurio*

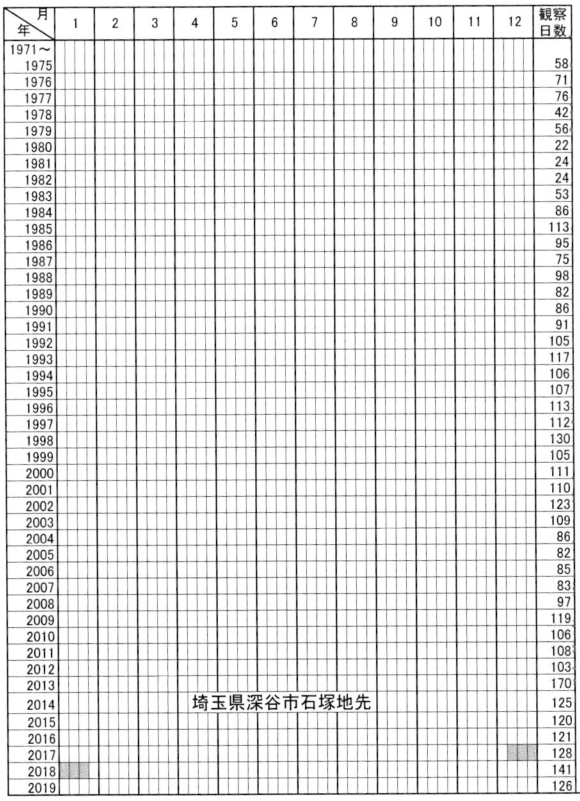

年＼月	1	2	3	4	5	6	7	8	9	10	11	12	観察日数
1971～1975													58
1976													71
1977													76
1978													42
1979													56
1980													22
1981													24
1982													24
1983													53
1984													86
1985													113
1986													95
1987													75
1988													98
1989													82
1990													86
1991													91
1992													105
1993													117
1994													106
1995													107
1996													113
1997													112
1998													130
1999													105
2000													111
2001													110
2002													123
2003													109
2004													86
2005													82
2006													85
2007													83
2008													97
2009													119
2010													106
2011													108
2012													103
2013													170
2014													125
2015													120
2016													121
2017													128
2018													141
2019													126

埼玉県深谷市石塚地先

オオカラモズ　学名 *Lanius sphenocercus*

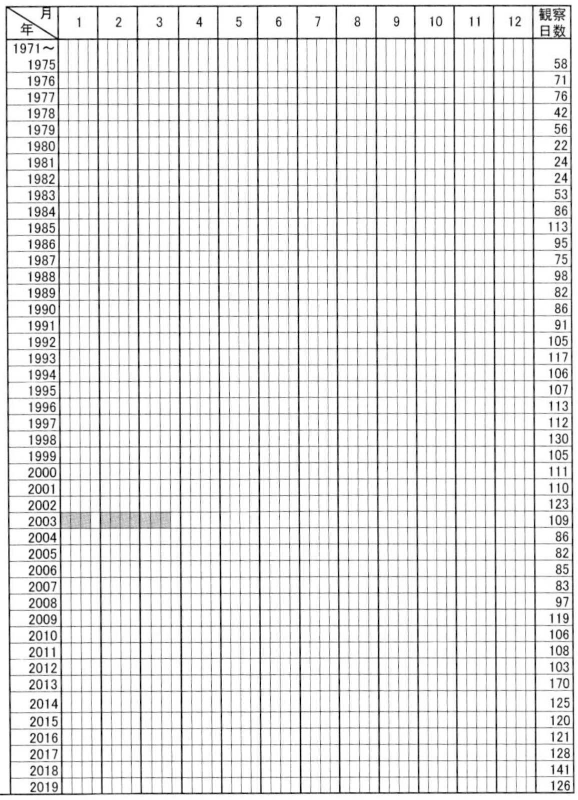

年＼月	1	2	3	4	5	6	7	8	9	10	11	12	観察日数
1971～1975													58
1976													71
1977													76
1978													42
1979													56
1980													22
1981													24
1982													24
1983													53
1984													86
1985													113
1986													95
1987													75
1988													98
1989													82
1990													86
1991													91
1992													105
1993													117
1994													106
1995													107
1996													113
1997													112
1998													130
1999													105
2000													111
2001													110
2002													123
2003													109
2004													86
2005													82
2006													85
2007													83
2008													97
2009													119
2010													106
2011													108
2012													103
2013													170
2014													125
2015													120
2016													121
2017													128
2018													141
2019													126

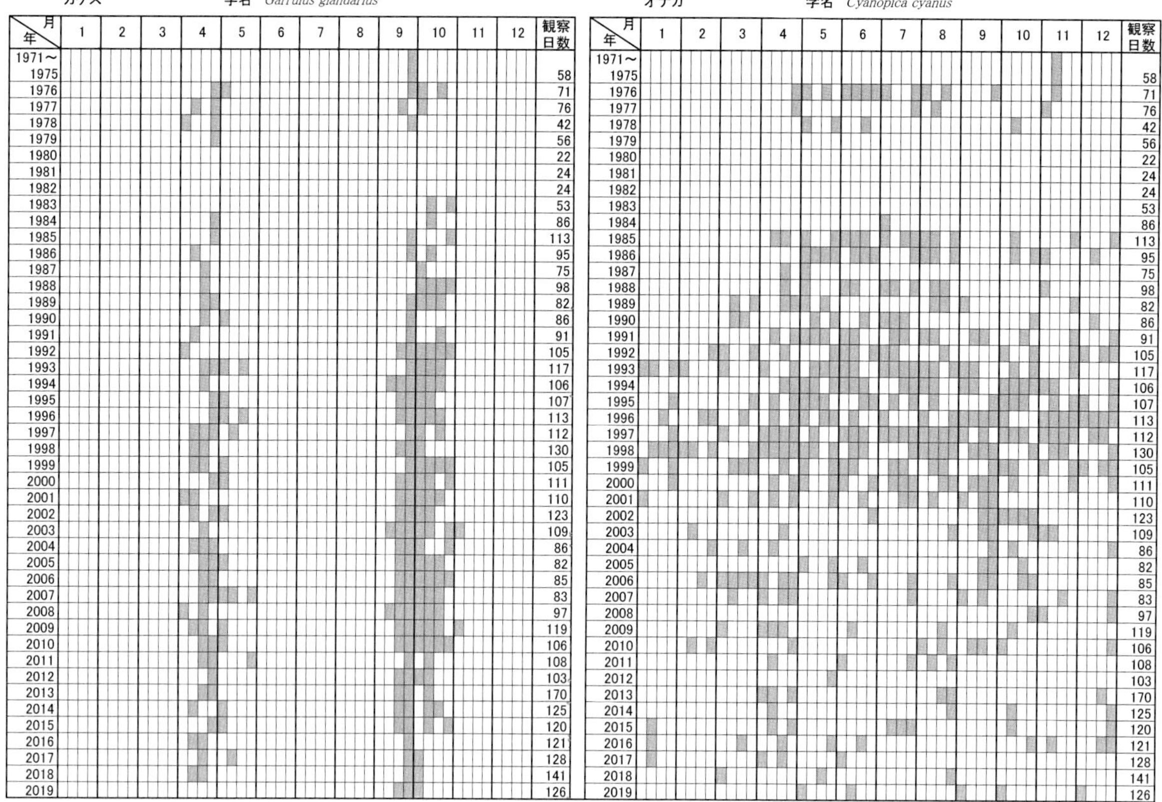

カケス　学名 *Garrulus glandarius*

年＼月	1	2	3	4	5	6	7	8	9	10	11	12	観察日数
1971～1975													58
1976													71
1977													76
1978													42
1979													56
1980													22
1981													24
1982													24
1983													53
1984													86
1985													113
1986													95
1987													75
1988													98
1989													82
1990													86
1991													91
1992													105
1993													117
1994													106
1995													107
1996													113
1997													112
1998													130
1999													105
2000													111
2001													110
2002													123
2003													109
2004													86
2005													82
2006													85
2007													83
2008													97
2009													119
2010													106
2011													108
2012													103
2013													170
2014													125
2015													120
2016													121
2017													128
2018													141
2019													126

オナガ　学名 *Cyanopica cyanus*

年＼月	1	2	3	4	5	6	7	8	9	10	11	12	観察日数
1971～1975													58
1976													71
1977													76
1978													42
1979													56
1980													22
1981													24
1982													24
1983													53
1984													86
1985													113
1986													95
1987													75
1988													98
1989													82
1990													86
1991													91
1992													105
1993													117
1994													106
1995													107
1996													113
1997													112
1998													130
1999													105
2000													111
2001													110
2002													123
2003													109
2004													86
2005													82
2006													85
2007													83
2008													97
2009													119
2010													106
2011													108
2012													103
2013													170
2014													125
2015													120
2016													121
2017													128
2018													141
2019													126

ハシボソガラス　学名 *Corvus corone*

年＼月	1	2	3	4	5	6	7	8	9	10	11	12	観察日数
1971～1975													58
1976													71
1977													76
1978													42
1979													56
1980													22
1981													24
1982													24
1983													53
1984													86
1985													113
1986													95
1987													75
1988													98
1989													82
1990													86
1991													91
1992													105
1993													117
1994													106
1995													107
1996													113
1997													112
1998													130
1999													105
2000													111
2001													110
2002													123
2003													109
2004													86
2005													82
2006													85
2007													83
2008													97
2009													119
2010													106
2011													108
2012													103
2013													170
2014													125
2015													120
2016													121
2017													128
2018													141
2019													126

ハシブトガラス　学名 *Corvus macrorhynchos*

年＼月	1	2	3	4	5	6	7	8	9	10	11	12	観察日数
1971～1975													58
1976													71
1977													76
1978													42
1979													56
1980													22
1981													24
1982													24
1983													53
1984													86
1985													113
1986													95
1987													75
1988													98
1989													82
1990													86
1991													91
1992													105
1993													117
1994													106
1995													107
1996													113
1997													112
1998													130
1999													105
2000													111
2001													110
2002													123
2003													109
2004													86
2005													82
2006													85
2007													83
2008													97
2009													119
2010													106
2011													108
2012													103
2013													170
2014													125
2015													120
2016													121
2017													128
2018													141
2019													126

ツリスガラ　　学名　*Remiz pendulinus*

年＼月	1	2	3	4	5	6	7	8	9	10	11	12	観察日数
1971～1975													58
1976													71
1977													76
1978													42
1979													56
1980													22
1981													24
1982													24
1983													53
1984													86
1985													113
1986													95
1987													75
1988													98
1989													82
1990													86
1991													91
1992													105
1993													117
1994													106
1995													107
1996												■	113
1997	■		■	■							■	■	112
1998	■												130
1999													105
2000													111
2001													110
2002													123
2003													109
2004													86
2005													82
2006													85
2007													83
2008													97
2009													119
2010													106
2011													108
2012													103
2013													170
2014													125
2015													120
2016													121
2017													128
2018													141
2019													126

コガラ　　学名　*Poecile montanus*

年＼月	1	2	3	4	5	6	7	8	9	10	11	12	観察日数
1971～1975													58
1976													71
1977													76
1978													42
1979													56
1980													22
1981													24
1982													24
1983													53
1984													86
1985													113
1986													95
1987													75
1988													98
1989													82
1990													86
1991													91
1992													105
1993													117
1994										■			106
1995													107
1996													113
1997													112
1998													130
1999													105
2000													111
2001													110
2002													123
2003													109
2004													86
2005													82
2006													85
2007													83
2008													97
2009													119
2010													106
2011													108
2012													103
2013													170
2014													125
2015													120
2016													121
2017													128
2018													141
2019													126

ヤマガラ　　学名　*Poecile varius*

年＼月	1	2	3	4	5	6	7	8	9	10	11	12	観察日数
1971～1975													58
1976													71
1977													76
1978													42
1979													56
1980													22
1981													24
1982													24
1983													53
1984													86
1985													113
1986													95
1987													75
1988													98
1989													82
1990													86
1991													91
1992										■			105
1993													117
1994									■				106
1995													107
1996									■				113
1997													112
1998									■				130
1999									■				105
2000													111
2001									■				110
2002													123
2003													109
2004													86
2005													82
2006													85
2007													83
2008										■			97
2009													119
2010									■				106
2011													108
2012													103
2013													170
2014													125
2015													120
2016													121
2017													128
2018			■										141
2019													126

ヒガラ　　学名　*Periparus ater*

年＼月	1	2	3	4	5	6	7	8	9	10	11	12	観察日数
1971～1975													58
1976													71
1977													76
1978													42
1979													56
1980													22
1981													24
1982													24
1983													53
1984													86
1985													113
1986													95
1987													75
1988													98
1989													82
1990													86
1991													91
1992													105
1993													117
1994													106
1995													107
1996													113
1997													112
1998													130
1999													105
2000													111
2001													110
2002													123
2003													109
2004													86
2005													82
2006									■				85
2007													83
2008													97
2009													119
2010													106
2011													108
2012													103
2013													170
2014													125
2015													120
2016													121
2017													128
2018													141
2019													126

シジュウカラ　　学名 *Parus minor*

ヒバリ　　学名 *Alauda arvensis*

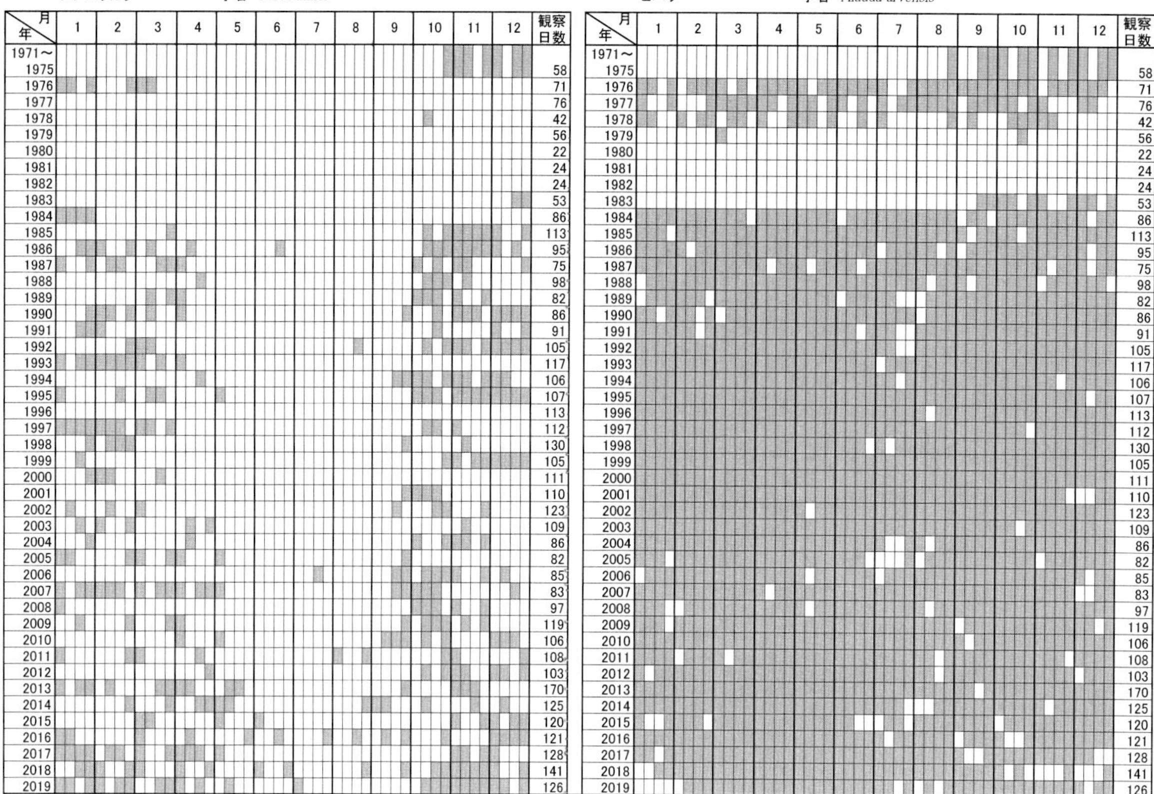

シジュウカラ　　学名 *Parus minor*

年＼月	1	2	3	4	5	6	7	8	9	10	11	12	観察日数
1971～1975													58
1976													71
1977													76
1978													42
1979													56
1980													22
1981													24
1982													24
1983													53
1984													86
1985													113
1986													95
1987													75
1988													98
1989													82
1990													86
1991													91
1992													105
1993													117
1994													106
1995													107
1996													113
1997													112
1998													130
1999													105
2000													111
2001													110
2002													123
2003													109
2004													86
2005													82
2006													85
2007													83
2008													97
2009													119
2010													106
2011													108
2012													103
2013													170
2014													125
2015													120
2016													121
2017													128
2018													141
2019													126

ヒバリ　　学名 *Alauda arvensis*

年＼月	1	2	3	4	5	6	7	8	9	10	11	12	観察日数
1971～1975													58
1976													71
1977													76
1978													42
1979													56
1980													22
1981													24
1982													24
1983													53
1984													86
1985													113
1986													95
1987													75
1988													98
1989													82
1990													86
1991													91
1992													105
1993													117
1994													106
1995													107
1996													113
1997													112
1998													130
1999													105
2000													111
2001													110
2002													123
2003													109
2004													86
2005													82
2006													85
2007													83
2008													97
2009													119
2010													106
2011													108
2012													103
2013													170
2014													125
2015													120
2016													121
2017													128
2018													141
2019													126

ショウドウツバメ　　学名 *Riparia riparia*

年＼月	1	2	3	4	5	6	7	8	9	10	11	12	観察日数
1971～1975													58
1976													71
1977													76
1978													42
1979													56
1980													22
1981													24
1982													24
1983													53
1984													86
1985													113
1986													95
1987													75
1988													98
1989													82
1990													86
1991													91
1992													105
1993													117
1994													106
1995													107
1996													113
1997													112
1998													130
1999													105
2000													111
2001													110
2002													123
2003													109
2004													86
2005													82
2006													85
2007													83
2008													97
2009													119
2010													106
2011													108
2012													103
2013													170
2014													125
2015													120
2016													121
2017													128
2018													141
2019													126

ツバメ　　学名 *Hirundo rustica*

年＼月	1	2	3	4	5	6	7	8	9	10	11	12	観察日数
1971～1975													58
1976													71
1977													76
1978													42
1979													56
1980													22
1981													24
1982													24
1983													53
1984													86
1985													113
1986													95
1987													75
1988													98
1989													82
1990													86
1991													91
1992													105
1993													117
1994													106
1995													107
1996													113
1997													112
1998													130
1999													105
2000													111
2001													110
2002													123
2003													109
2004													86
2005													82
2006													85
2007													83
2008													97
2009													119
2010													106
2011													108
2012													103
2013													170
2014													125
2015													120
2016													121
2017													128
2018													141
2019													126

コシアカツバメ　学名 *Hirundo daurica*

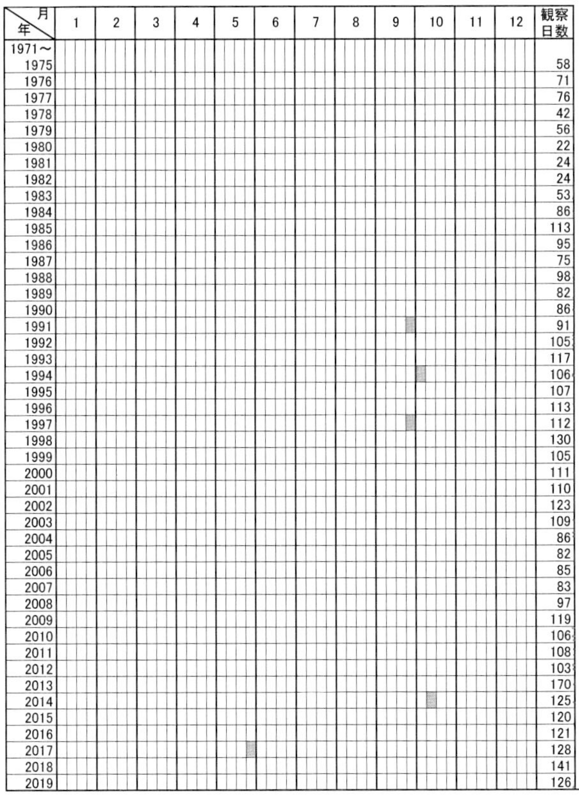

年＼月	1	2	3	4	5	6	7	8	9	10	11	12	観察日数
1971～1975													58
1976													71
1977													76
1978													42
1979													56
1980													22
1981													24
1982													24
1983													53
1984													86
1985													113
1986													95
1987													75
1988													98
1989													82
1990													86
1991													91
1992													105
1993													117
1994													106
1995													107
1996													113
1997													112
1998													130
1999													105
2000													111
2001													110
2002													123
2003													109
2004													86
2005													82
2006													85
2007													83
2008													97
2009													119
2010													106
2011													108
2012													103
2013													170
2014													125
2015													120
2016													121
2017													128
2018													141
2019													126

イワツバメ　学名 *Delichon dasypus*

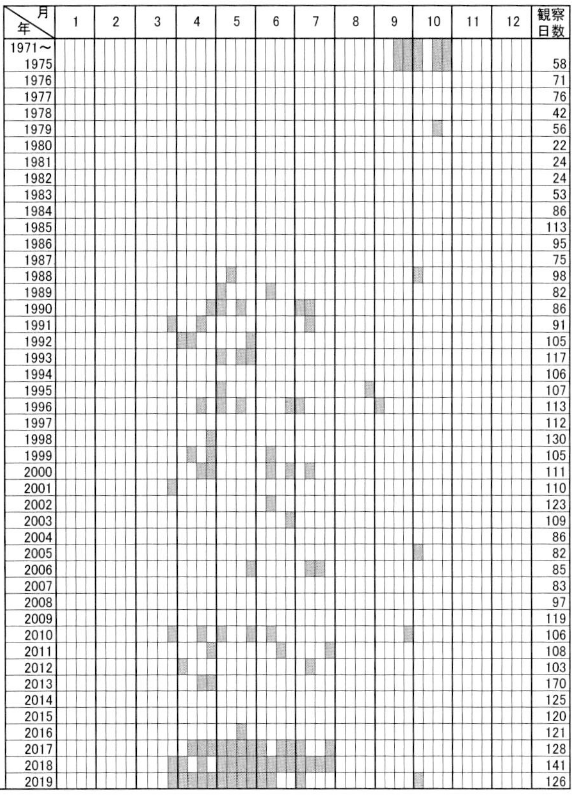

年＼月	1	2	3	4	5	6	7	8	9	10	11	12	観察日数
1971～1975													58
1976													71
1977													76
1978													42
1979													56
1980													22
1981													24
1982													24
1983													53
1984													86
1985													113
1986													95
1987													75
1988													98
1989													82
1990													86
1991													91
1992													105
1993													117
1994													106
1995													107
1996													113
1997													112
1998													130
1999													105
2000													111
2001													110
2002													123
2003													109
2004													86
2005													82
2006													85
2007													83
2008													97
2009													119
2010													106
2011													108
2012													103
2013													170
2014													125
2015													120
2016													121
2017													128
2018													141
2019													126

ヒヨドリ　学名 *Hypsipetes amaurotis*

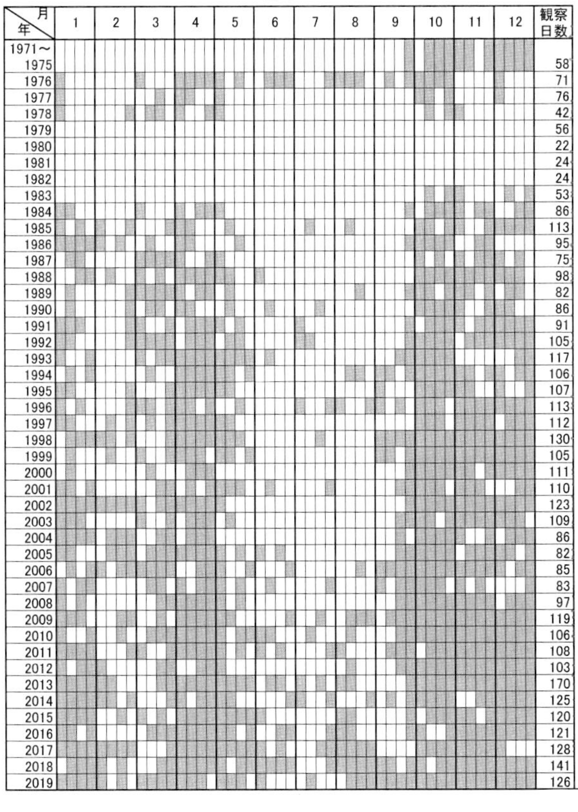

年＼月	1	2	3	4	5	6	7	8	9	10	11	12	観察日数
1971～1975													58
1976													71
1977													76
1978													42
1979													56
1980													22
1981													24
1982													24
1983													53
1984													86
1985													113
1986													95
1987													75
1988													98
1989													82
1990													86
1991													91
1992													105
1993													117
1994													106
1995													107
1996													113
1997													112
1998													130
1999													105
2000													111
2001													110
2002													123
2003													109
2004													86
2005													82
2006													85
2007													83
2008													97
2009													119
2010													106
2011													108
2012													103
2013													170
2014													125
2015													120
2016													121
2017													128
2018													141
2019													126

ウグイス　学名 *Cettia diphone*

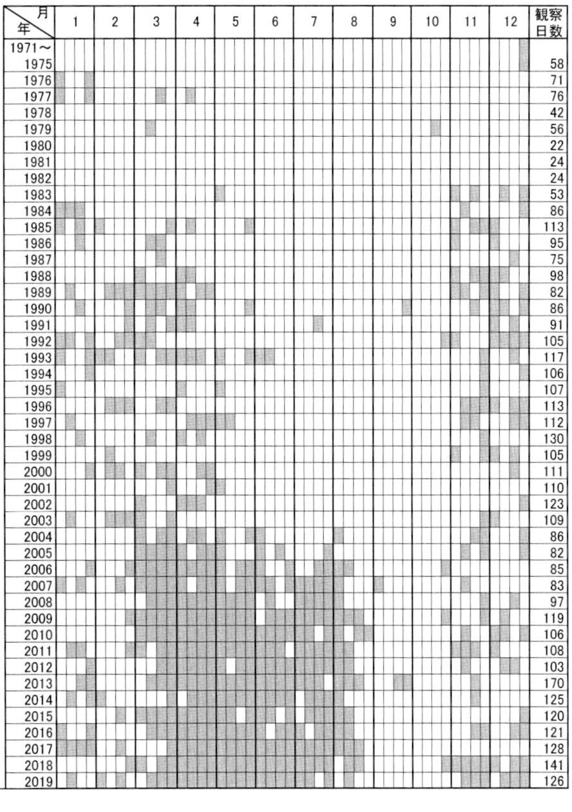

年＼月	1	2	3	4	5	6	7	8	9	10	11	12	観察日数
1971～1975													58
1976													71
1977													76
1978													42
1979													56
1980													22
1981													24
1982													24
1983													53
1984													86
1985													113
1986													95
1987													75
1988													98
1989													82
1990													86
1991													91
1992													105
1993													117
1994													106
1995													107
1996													113
1997													112
1998													130
1999													105
2000													111
2001													110
2002													123
2003													109
2004													86
2005													82
2006													85
2007													83
2008													97
2009													119
2010													106
2011													108
2012													103
2013													170
2014													125
2015													120
2016													121
2017													128
2018													141
2019													126

エナガ　　学名 *Aegithalos caudatus*

年＼月	1	2	3	4	5	6	7	8	9	10	11	12	観察日数
1971～1975													58
1976													71
1977													76
1978													42
1979													56
1980													22
1981													24
1982													24
1983													53
1984													86
1985													113
1986													95
1987													75
1988													98
1989													82
1990													86
1991													91
1992													105
1993													117
1994													106
1995													107
1996													113
1997													112
1998													130
1999													105
2000													111
2001													110
2002													123
2003													109
2004													86
2005													82
2006													85
2007													83
2008													97
2009													119
2010													106
2011													108
2012													103
2013													170
2014													125
2015													120
2016													121
2017													128
2018													141
2019													126

メボソムシクイ　　学名 *Phylloscopus xanthodryas*

年＼月	1	2	3	4	5	6	7	8	9	10	11	12	観察日数
1971～1975													58
1976													71
1977													76
1978													42
1979													56
1980													22
1981													24
1982													24
1983													53
1984													86
1985													113
1986													95
1987													75
1988													98
1989													82
1990													86
1991													91
1992													105
1993													117
1994													106
1995													107
1996													113
1997													112
1998													130
1999													105
2000													111
2001													110
2002													123
2003													109
2004													86
2005													82
2006													85
2007													83
2008													97
2009													119
2010													106
2011													108
2012													103
2013													170
2014													125
2015													120
2016													121
2017													128
2018													141
2019													126

センダイムシクイ　　学名 *Phylloscopus coronatus*

年＼月	1	2	3	4	5	6	7	8	9	10	11	12	観察日数
1971～1975													58
1976													71
1977													76
1978													42
1979													56
1980													22
1981													24
1982													24
1983													53
1984													86
1985													113
1986													95
1987													75
1988													98
1989													82
1990													86
1991													91
1992													105
1993													117
1994													106
1995													107
1996													113
1997													112
1998													130
1999													105
2000													111
2001													110
2002													123
2003													109
2004													86
2005													82
2006													85
2007													83
2008													97
2009													119
2010													106
2011													108
2012													103
2013													170
2014													125
2015													120
2016													121
2017													128
2018													141
2019													126

メジロ　　学名 *Zosterops japonicus*

年＼月	1	2	3	4	5	6	7	8	9	10	11	12	観察日数
1971～1975													58
1976													71
1977													76
1978													42
1979													56
1980													22
1981													24
1982													24
1983													53
1984													86
1985													113
1986													95
1987													75
1988													98
1989													82
1990													86
1991													91
1992													105
1993													117
1994													106
1995													107
1996													113
1997													112
1998													130
1999													105
2000													111
2001													110
2002													123
2003													109
2004													86
2005													82
2006													85
2007													83
2008													97
2009													119
2010													106
2011													108
2012													103
2013													170
2014													125
2015													120
2016													121
2017													128
2018													141
2019													126

オオヨシキリ　　学名 *Acrocephalus orientalis*

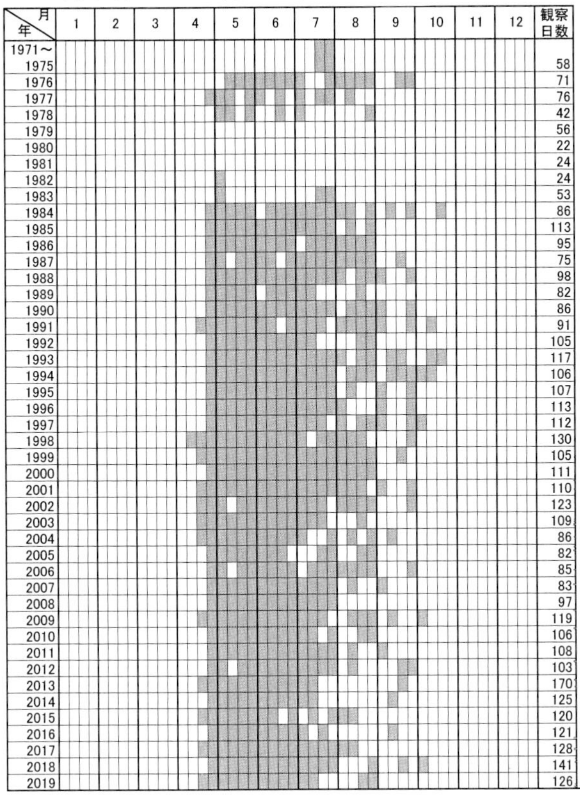

年＼月	1	2	3	4	5	6	7	8	9	10	11	12	観察日数
1971～1975													58
1976													71
1977													76
1978													42
1979													56
1980													22
1981													24
1982													24
1983													53
1984													86
1985													113
1986													95
1987													75
1988													98
1989													82
1990													86
1991													91
1992													105
1993													117
1994													106
1995													107
1996													113
1997													112
1998													130
1999													105
2000													111
2001													110
2002													123
2003													109
2004													86
2005													82
2006													85
2007													83
2008													97
2009													119
2010													106
2011													108
2012													103
2013													170
2014													125
2015													120
2016													121
2017													128
2018													141
2019													126

コヨシキリ　　学名 *Acrocephalus bistrigiceps*

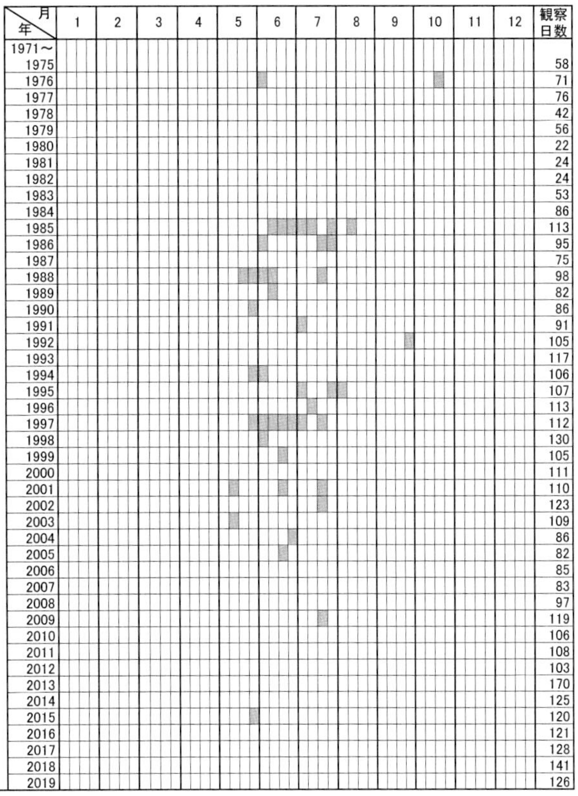

年＼月	1	2	3	4	5	6	7	8	9	10	11	12	観察日数
1971～1975													58
1976													71
1977													76
1978													42
1979													56
1980													22
1981													24
1982													24
1983													53
1984													86
1985													113
1986													95
1987													75
1988													98
1989													82
1990													86
1991													91
1992													105
1993													117
1994													106
1995													107
1996													113
1997													112
1998													130
1999													105
2000													111
2001													110
2002													123
2003													109
2004													86
2005													82
2006													85
2007													83
2008													97
2009													119
2010													106
2011													108
2012													103
2013													170
2014													125
2015													120
2016													121
2017													128
2018													141
2019													126

セッカ　　学名 *Cisticola juncidis*

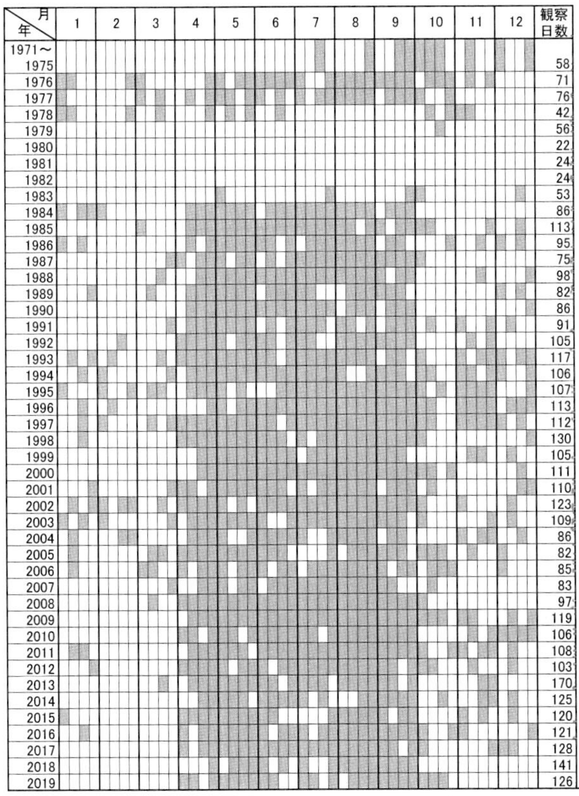

年＼月	1	2	3	4	5	6	7	8	9	10	11	12	観察日数
1971～1975													58
1976													71
1977													76
1978													42
1979													56
1980													22
1981													24
1982													24
1983													53
1984													86
1985													113
1986													95
1987													75
1988													98
1989													82
1990													86
1991													91
1992													105
1993													117
1994													106
1995													107
1996													113
1997													112
1998													130
1999													105
2000													111
2001													110
2002													123
2003													109
2004													86
2005													82
2006													85
2007													83
2008													97
2009													119
2010													106
2011													108
2012													103
2013													170
2014													125
2015													120
2016													121
2017													128
2018													141
2019													126

ヒレンジャク　　学名 *Bombycilla japonica*

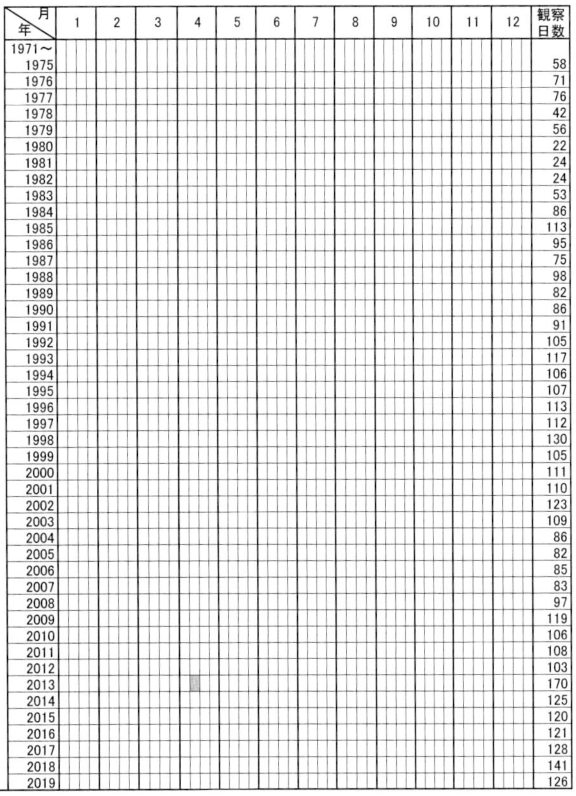

年＼月	1	2	3	4	5	6	7	8	9	10	11	12	観察日数
1971～1975													58
1976													71
1977													76
1978													42
1979													56
1980													22
1981													24
1982													24
1983													53
1984													86
1985													113
1986													95
1987													75
1988													98
1989													82
1990													86
1991													91
1992													105
1993													117
1994													106
1995													107
1996													113
1997													112
1998													130
1999													105
2000													111
2001													110
2002													123
2003													109
2004													86
2005													82
2006													85
2007													83
2008													97
2009													119
2010													106
2011													108
2012													103
2013													170
2014													125
2015													120
2016													121
2017													128
2018													141
2019													126

ムクドリ　学名 *Spodiopsar cineraceus*

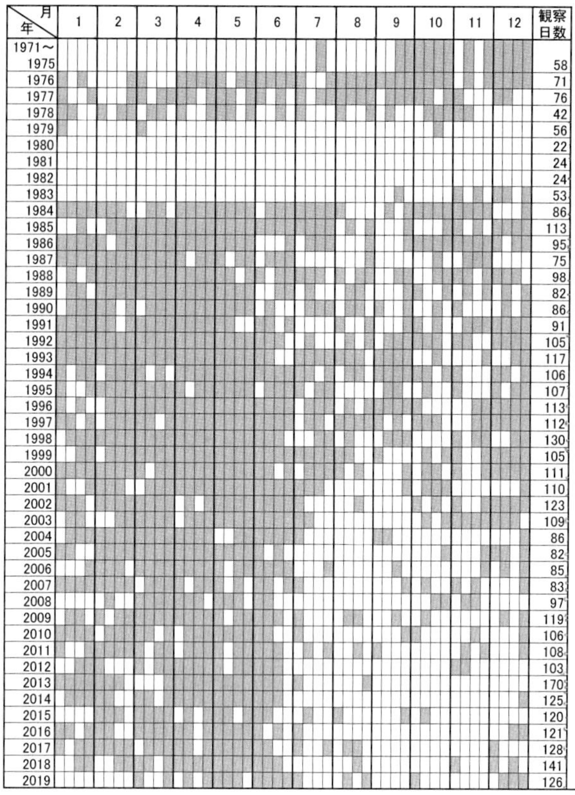

年＼月	1	2	3	4	5	6	7	8	9	10	11	12	観察日数
1971～1975													58
1976													71
1977													76
1978													42
1979													56
1980													22
1981													24
1982													24
1983													53
1984													86
1985													113
1986													95
1987													75
1988													98
1989													82
1990													86
1991													91
1992													105
1993													117
1994													106
1995													107
1996													113
1997													112
1998													130
1999													105
2000													111
2001													110
2002													123
2003													109
2004													86
2005													82
2006													85
2007													83
2008													97
2009													119
2010													106
2011													108
2012													103
2013													170
2014													125
2015													120
2016													121
2017													128
2018													141
2019													126

コムクドリ　学名 *Agropsar philippensis*

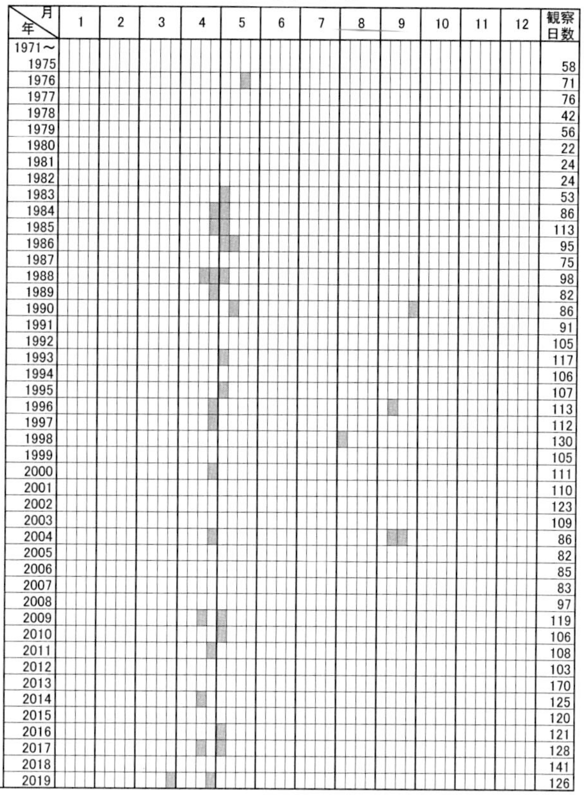

年＼月	1	2	3	4	5	6	7	8	9	10	11	12	観察日数
1971～1975													58
1976													71
1977													76
1978													42
1979													56
1980													22
1981													24
1982													24
1983													53
1984													86
1985													113
1986													95
1987													75
1988													98
1989													82
1990													86
1991													91
1992													105
1993													117
1994													106
1995													107
1996													113
1997													112
1998													130
1999													105
2000													111
2001													110
2002													123
2003													109
2004													86
2005													82
2006													85
2007													83
2008													97
2009													119
2010													106
2011													108
2012													103
2013													170
2014													125
2015													120
2016													121
2017													128
2018													141
2019													126

アカハラ　学名 *Turdus chrysolaus*

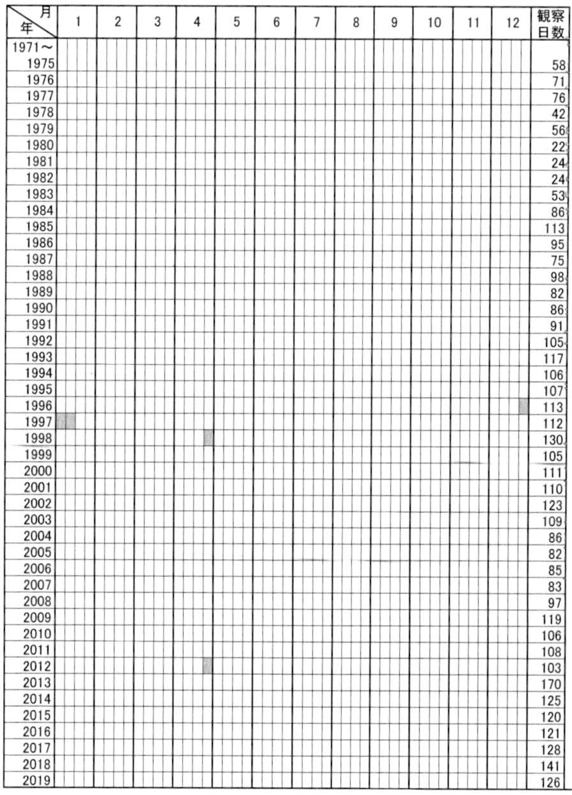

年＼月	1	2	3	4	5	6	7	8	9	10	11	12	観察日数
1971～1975													58
1976													71
1977													76
1978													42
1979													56
1980													22
1981													24
1982													24
1983													53
1984													86
1985													113
1986													95
1987													75
1988													98
1989													82
1990													86
1991													91
1992													105
1993													117
1994													106
1995													107
1996													113
1997													112
1998													130
1999													105
2000													111
2001													110
2002													123
2003													109
2004													86
2005													82
2006													85
2007													83
2008													97
2009													119
2010													106
2011													108
2012													103
2013													170
2014													125
2015													120
2016													121
2017													128
2018													141
2019													126

ツグミ　学名 *Turdus naumanni*

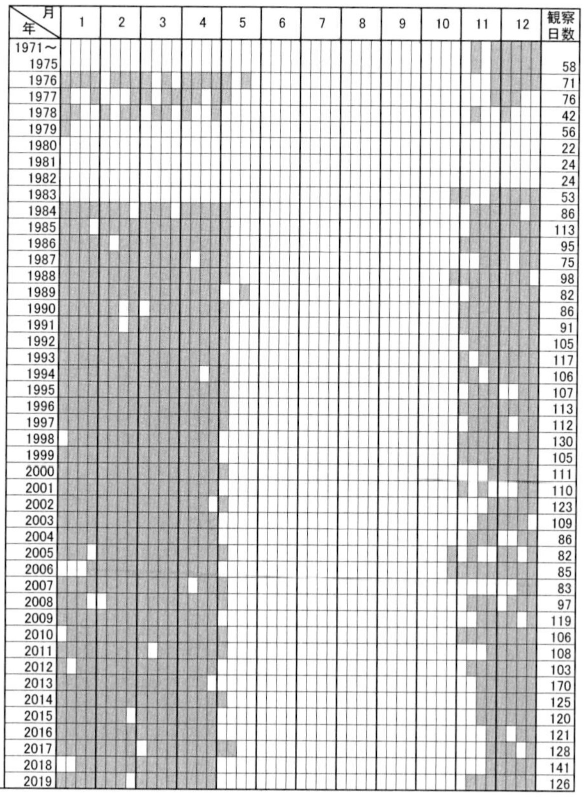

年＼月	1	2	3	4	5	6	7	8	9	10	11	12	観察日数
1971～1975													58
1976													71
1977													76
1978													42
1979													56
1980													22
1981													24
1982													24
1983													53
1984													86
1985													113
1986													95
1987													75
1988													98
1989													82
1990													86
1991													91
1992													105
1993													117
1994													106
1995													107
1996													113
1997													112
1998													130
1999													105
2000													111
2001													110
2002													123
2003													109
2004													86
2005													82
2006													85
2007													83
2008													97
2009													119
2010													106
2011													108
2012													103
2013													170
2014													125
2015													120
2016													121
2017													128
2018													141
2019													126

ハチジョウツグミ　学名 *T.n. naumanni*

年＼月	1	2	3	4	5	6	7	8	9	10	11	12	観察日数
1971～1975													58
1976													71
1977													76
1978													42
1979													56
1980													22
1981													24
1982													24
1983													53
1984													86
1985													113
1986													95
1987													75
1988													98
1989													82
1990													86
1991													91
1992													105
1993													117
1994													106
1995													107
1996													113
1997													112
1998													130
1999													105
2000													111
2001													110
2002													123
2003													109
2004													86
2005													82
2006													85
2007													83
2008													97
2009													119
2010													106
2011													108
2012													103
2013													170
2014													125
2015													120
2016													121
2017													128
2018													141
2019													126

ノゴマ　学名 *Luscinia calliope*

年＼月	1	2	3	4	5	6	7	8	9	10	11	12	観察日数
1971～1975													58
1976													71
1977													76
1978													42
1979													56
1980													22
1981													24
1982													24
1983													53
1984													86
1985													113
1986													95
1987													75
1988													98
1989													82
1990													86
1991													91
1992													105
1993													117
1994													106
1995													107
1996													113
1997													112
1998													130
1999													105
2000													111
2001													110
2002													123
2003													109
2004													86
2005													82
2006													85
2007													83
2008													97
2009													119
2010													106
2011													108
2012													103
2013													170
2014													125
2015													120
2016													121
2017													128
2018													141
2019													126

ジョウビタキ　学名 *Phoenicurus auroreus*

年＼月	1	2	3	4	5	6	7	8	9	10	11	12	観察日数
1971～1975													58
1976													71
1977													76
1978													42
1979													56
1980													22
1981													24
1982													24
1983													53
1984													86
1985													113
1986													95
1987													75
1988													98
1989													82
1990													86
1991													91
1992													105
1993													117
1994													106
1995													107
1996													113
1997													112
1998													130
1999													105
2000													111
2001													110
2002													123
2003													109
2004													86
2005													82
2006													85
2007													83
2008													97
2009													119
2010													106
2011													108
2012													103
2013													170
2014													125
2015													120
2016													121
2017													128
2018													141
2019													126

ノビタキ　学名 *Saxicola torquatus*

年＼月	1	2	3	4	5	6	7	8	9	10	11	12	観察日数
1971～1975													58
1976													71
1977													76
1978													42
1979													56
1980													22
1981													24
1982													24
1983													53
1984													86
1985													113
1986													95
1987													75
1988													98
1989													82
1990													86
1991													91
1992													105
1993													117
1994													106
1995													107
1996													113
1997													112
1998													130
1999													105
2000													111
2001													110
2002													123
2003													109
2004													86
2005													82
2006													85
2007													83
2008													97
2009													119
2010													106
2011													108
2012													103
2013													170
2014													125
2015													120
2016													121
2017													128
2018													141
2019													126

エゾビタキ　　学名 *Muscicapa griseisticta*

年＼月	1	2	3	4	5	6	7	8	9	10	11	12	観察日数
1971～1975													58
1976													71
1977													76
1978													42
1979													56
1980													22
1981													24
1982													24
1983													53
1984													86
1985													113
1986													95
1987													75
1988													98
1989													82
1990													86
1991													91
1992													105
1993													117
1994													106
1995													107
1996													113
1997													112
1998													130
1999													105
2000													111
2001													110
2002													123
2003													109
2004													86
2005													82
2006													85
2007													83
2008													97
2009													119
2010													106
2011													108
2012													103
2013													170
2014													125
2015													120
2016													121
2017													128
2018													141
2019													126

コサメビタキ　　学名 *Muscicapa dauurica*

年＼月	1	2	3	4	5	6	7	8	9	10	11	12	観察日数
1971～1975													58
1976													71
1977													76
1978													42
1979													56
1980													22
1981													24
1982													24
1983													53
1984													86
1985													113
1986													95
1987													75
1988													98
1989													82
1990													86
1991													91
1992													105
1993													117
1994													106
1995													107
1996													113
1997													112
1998													130
1999													105
2000													111
2001													110
2002													123
2003													109
2004													86
2005													82
2006													85
2007													83
2008													97
2009													119
2010													106
2011													108
2012													103
2013													170
2014													125
2015													120
2016													121
2017													128
2018													141
2019													126

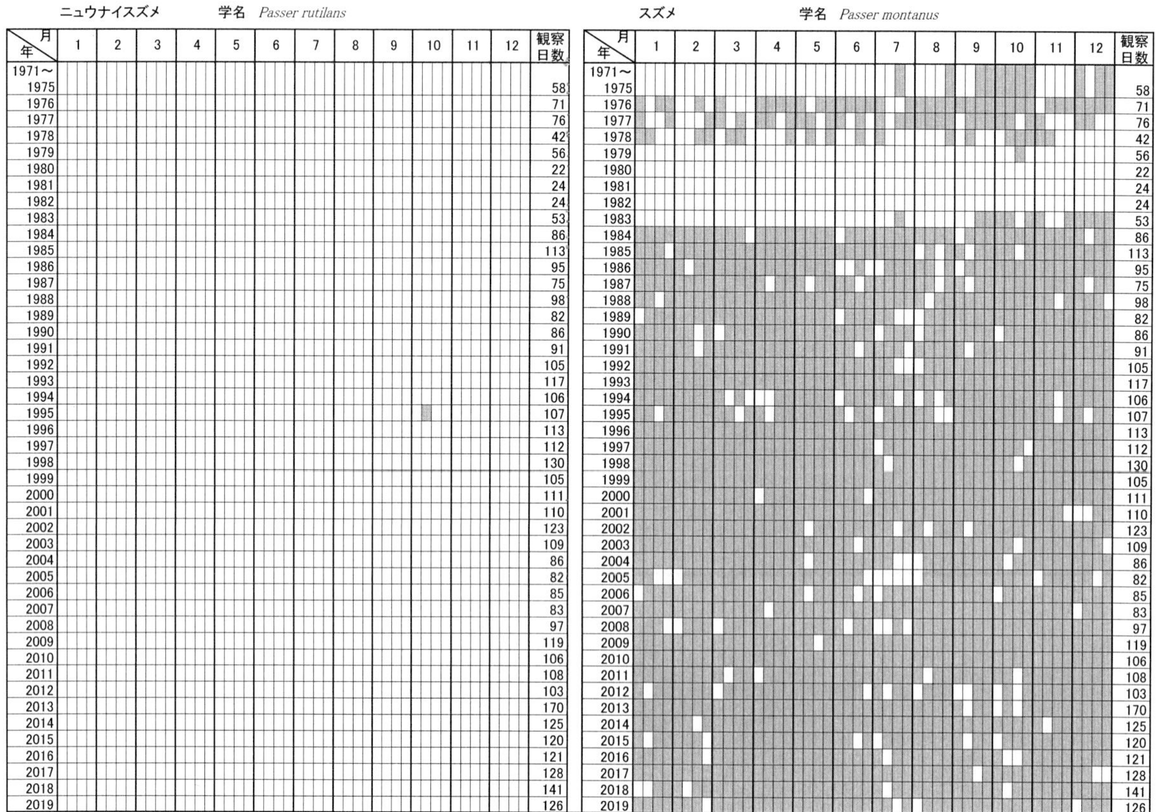

ニュウナイスズメ　　学名 *Passer rutilans*

年＼月	1	2	3	4	5	6	7	8	9	10	11	12	観察日数
1971～1975													58
1976													71
1977													76
1978													42
1979													56
1980													22
1981													24
1982													24
1983													53
1984													86
1985													113
1986													95
1987													75
1988													98
1989													82
1990													86
1991													91
1992													105
1993													117
1994													106
1995													107
1996													113
1997													112
1998													130
1999													105
2000													111
2001													110
2002													123
2003													109
2004													86
2005													82
2006													85
2007													83
2008													97
2009													119
2010													106
2011													108
2012													103
2013													170
2014													125
2015													120
2016													121
2017													128
2018													141
2019													126

スズメ　　学名 *Passer montanus*

年＼月	1	2	3	4	5	6	7	8	9	10	11	12	観察日数
1971～1975													58
1976													71
1977													76
1978													42
1979													56
1980													22
1981													24
1982													24
1983													53
1984													86
1985													113
1986													95
1987													75
1988													98
1989													82
1990													86
1991													91
1992													105
1993													117
1994													106
1995													107
1996													113
1997													112
1998													130
1999													105
2000													111
2001													110
2002													123
2003													109
2004													86
2005													82
2006													85
2007													83
2008													97
2009													119
2010													106
2011													108
2012													103
2013													170
2014													125
2015													120
2016													121
2017													128
2018													141
2019													126

キセキレイ　学名 *Motacilla cinerea*

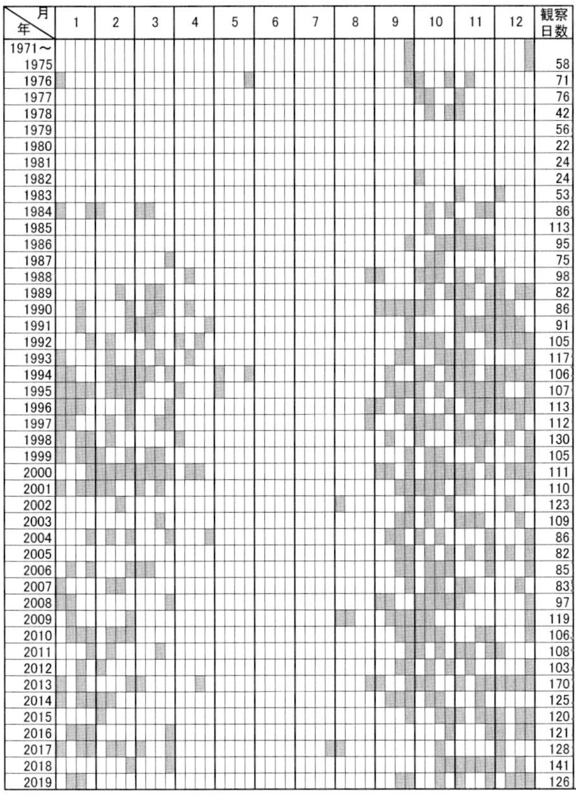

年＼月	1	2	3	4	5	6	7	8	9	10	11	12	観察日数
1971～1975													58
1976													71
1977													76
1978													42
1979													56
1980													22
1981													24
1982													24
1983													53
1984													86
1985													113
1986													95
1987													75
1988													98
1989													82
1990													86
1991													91
1992													105
1993													117
1994													106
1995													107
1996													113
1997													112
1998													130
1999													105
2000													111
2001													110
2002													123
2003													109
2004													86
2005													82
2006													85
2007													83
2008													97
2009													119
2010													106
2011													108
2012													103
2013													170
2014													125
2015													120
2016													121
2017													128
2018													141
2019													126

ハクセキレイ　学名 *Motacilla alba*

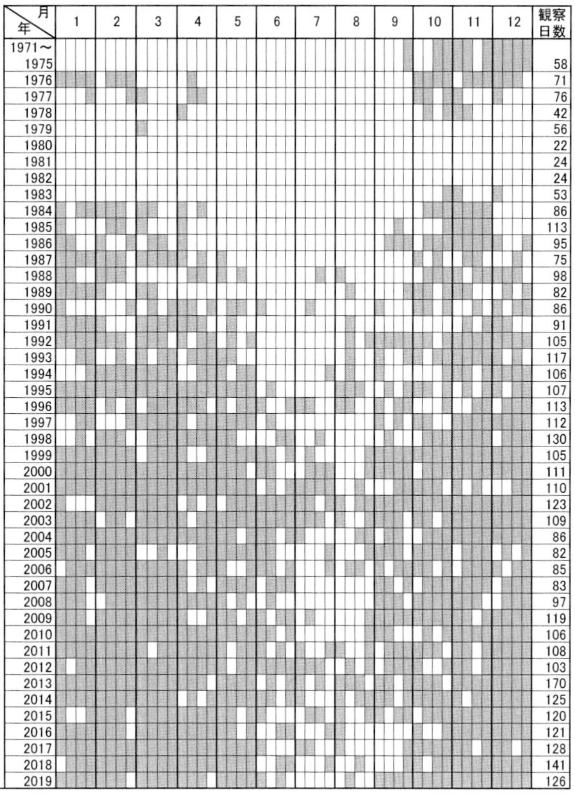

年＼月	1	2	3	4	5	6	7	8	9	10	11	12	観察日数
1971～1975													58
1976													71
1977													76
1978													42
1979													56
1980													22
1981													24
1982													24
1983													53
1984													86
1985													113
1986													95
1987													75
1988													98
1989													82
1990													86
1991													91
1992													105
1993													117
1994													106
1995													107
1996													113
1997													112
1998													130
1999													105
2000													111
2001													110
2002													123
2003													109
2004													86
2005													82
2006													85
2007													83
2008													97
2009													119
2010													106
2011													108
2012													103
2013													170
2014													125
2015													120
2016													121
2017													128
2018													141
2019													126

セグロセキレイ　学名 *Motacilla grandis*

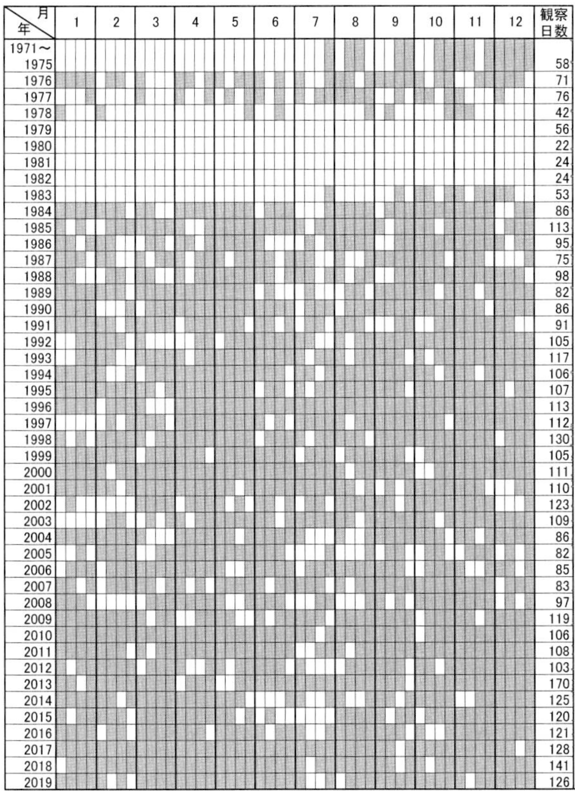

年＼月	1	2	3	4	5	6	7	8	9	10	11	12	観察日数
1971～1975													58
1976													71
1977													76
1978													42
1979													56
1980													22
1981													24
1982													24
1983													53
1984													86
1985													113
1986													95
1987													75
1988													98
1989													82
1990													86
1991													91
1992													105
1993													117
1994													106
1995													107
1996													113
1997													112
1998													130
1999													105
2000													111
2001													110
2002													123
2003													109
2004													86
2005													82
2006													85
2007													83
2008													97
2009													119
2010													106
2011													108
2012													103
2013													170
2014													125
2015													120
2016													121
2017													128
2018													141
2019													126

タヒバリ　学名 *Anthus rubescens*

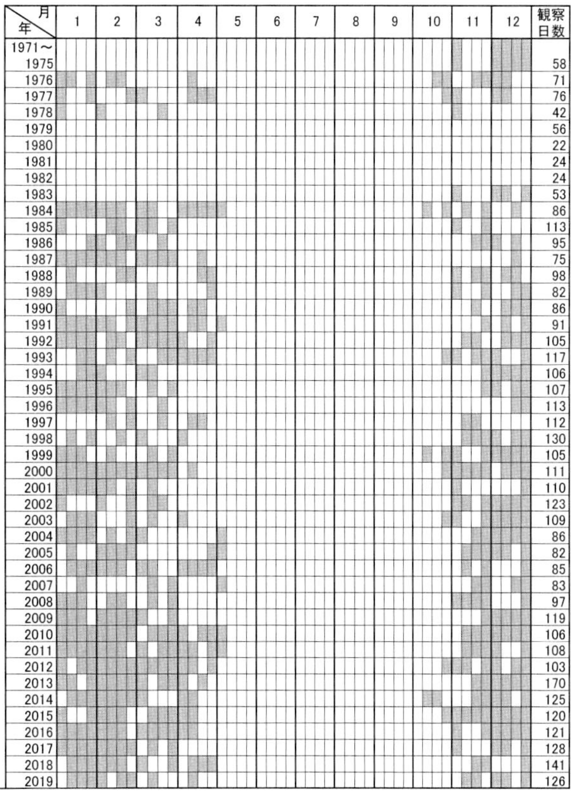

年＼月	1	2	3	4	5	6	7	8	9	10	11	12	観察日数
1971～1975													58
1976													71
1977													76
1978													42
1979													56
1980													22
1981													24
1982													24
1983													53
1984													86
1985													113
1986													95
1987													75
1988													98
1989													82
1990													86
1991													91
1992													105
1993													117
1994													106
1995													107
1996													113
1997													112
1998													130
1999													105
2000													111
2001													110
2002													123
2003													109
2004													86
2005													82
2006													85
2007													83
2008													97
2009													119
2010													106
2011													108
2012													103
2013													170
2014													125
2015													120
2016													121
2017													128
2018													141
2019													126

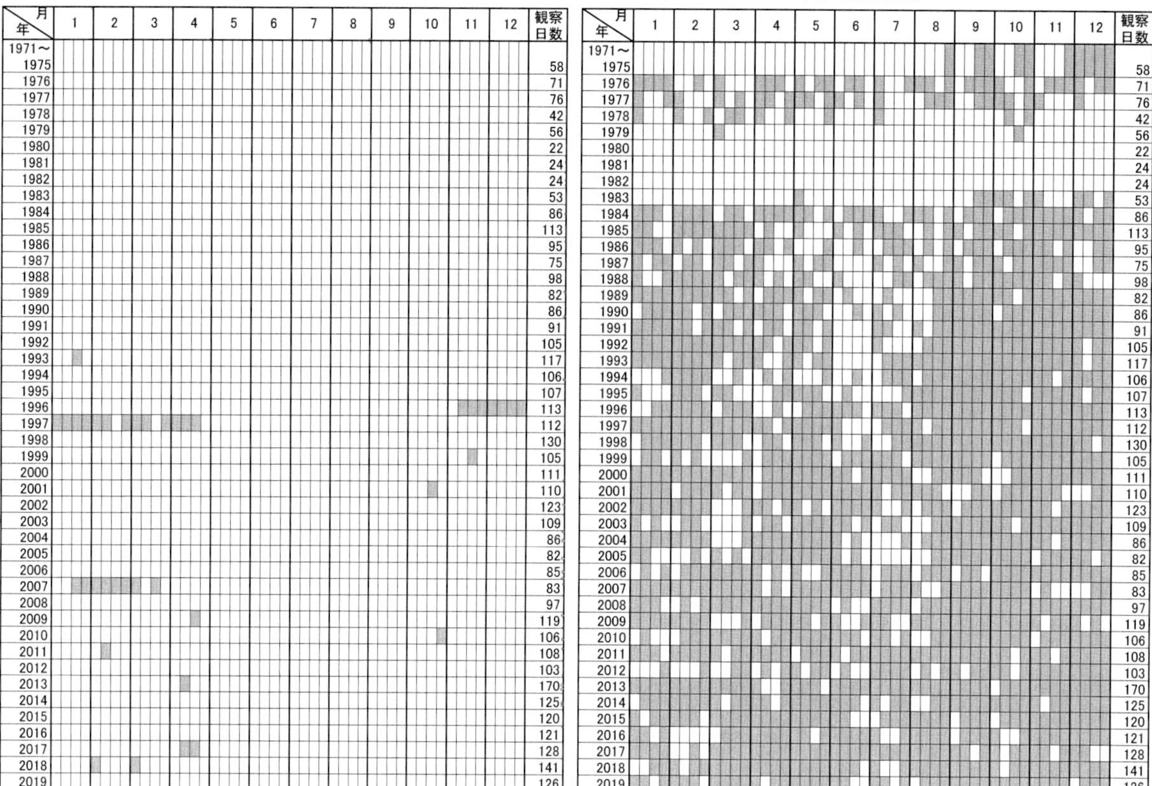

アトリ　　学名 *Fringilla montifringilla*

年＼月	1	2	3	4	5	6	7	8	9	10	11	12	観察日数
1971～1975													58
1976													71
1977													76
1978													42
1979													56
1980													22
1981													24
1982													24
1983													53
1984													86
1985													113
1986													95
1987													75
1988													98
1989													82
1990													86
1991													91
1992													105
1993													117
1994													106
1995													107
1996													113
1997													112
1998													130
1999													105
2000													111
2001													110
2002													123
2003													109
2004													86
2005													82
2006													85
2007													83
2008													97
2009													119
2010													106
2011													108
2012													103
2013													170
2014													125
2015													120
2016													121
2017													128
2018													141
2019													126

カワラヒワ　　学名 *Chloris sinica*

年＼月	1	2	3	4	5	6	7	8	9	10	11	12	観察日数
1971～1975													58
1976													71
1977													76
1978													42
1979													56
1980													22
1981													24
1982													24
1983													53
1984													86
1985													113
1986													95
1987													75
1988													98
1989													82
1990													86
1991													91
1992													105
1993													117
1994													106
1995													107
1996													113
1997													112
1998													130
1999													105
2000													111
2001													110
2002													123
2003													109
2004													86
2005													82
2006													85
2007													83
2008													97
2009													119
2010													106
2011													108
2012													103
2013													170
2014													125
2015													120
2016													121
2017													128
2018													141
2019													126

マヒワ　　学名 *Carduelis spinus*

年＼月	1	2	3	4	5	6	7	8	9	10	11	12	観察日数
1971～1975													58
1976													71
1977													76
1978													42
1979													56
1980													22
1981													24
1982													24
1983													53
1984													86
1985													113
1986													95
1987													75
1988													98
1989													82
1990													86
1991													91
1992													105
1993													117
1994													106
1995													107
1996													113
1997													112
1998													130
1999													105
2000													111
2001													110
2002													123
2003													109
2004													86
2005													82
2006													85
2007													83
2008													97
2009													119
2010													106
2011													108
2012													103
2013													170
2014													125
2015													120
2016													121
2017													128
2018													141
2019													126

ベニマシコ　　学名 *Uragus sibiricus*

年＼月	1	2	3	4	5	6	7	8	9	10	11	12	観察日数
1971～1975													58
1976													71
1977													76
1978													42
1979													56
1980													22
1981													24
1982													24
1983													53
1984													86
1985													113
1986													95
1987													75
1988													98
1989													82
1990													86
1991													91
1992													105
1993													117
1994													106
1995													107
1996													113
1997													112
1998													130
1999													105
2000													111
2001													110
2002													123
2003													109
2004													86
2005													82
2006													85
2007													83
2008													97
2009													119
2010													106
2011													108
2012													103
2013													170
2014													125
2015													120
2016													121
2017													128
2018													141
2019													126

シメ　学名 *Coccothraustes coccothraustes*

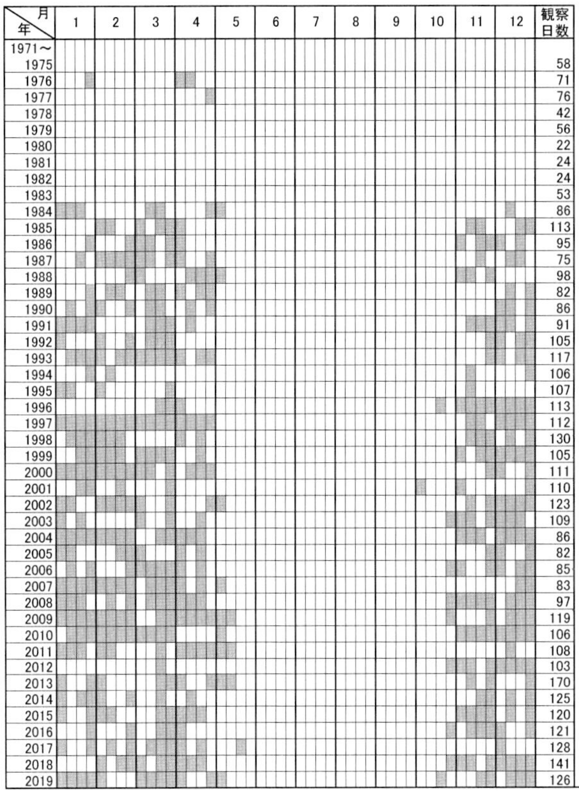

年＼月	1	2	3	4	5	6	7	8	9	10	11	12	観察日数
1971～1975													58
1976													71
1977													76
1978													42
1979													56
1980													22
1981													24
1982													24
1983													53
1984													86
1985													113
1986													95
1987													75
1988													98
1989													82
1990													86
1991													91
1992													105
1993													117
1994													106
1995													107
1996													113
1997													112
1998													130
1999													105
2000													111
2001													110
2002													123
2003													109
2004													86
2005													82
2006													85
2007													83
2008													97
2009													119
2010													106
2011													108
2012													103
2013													170
2014													125
2015													120
2016													121
2017													128
2018													141
2019													126

ホオジロ　学名 *Emberiza cioides*

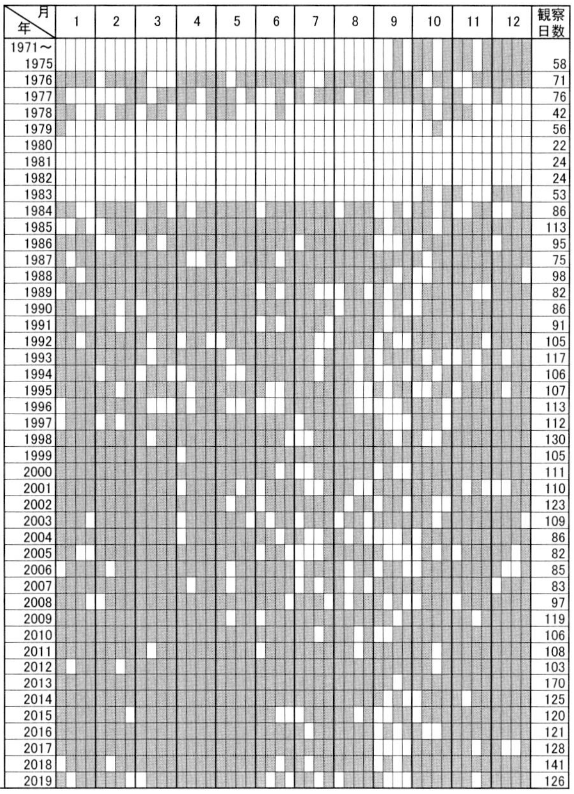

年＼月	1	2	3	4	5	6	7	8	9	10	11	12	観察日数
1971～1975													58
1976													71
1977													76
1978													42
1979													56
1980													22
1981													24
1982													24
1983													53
1984													86
1985													113
1986													95
1987													75
1988													98
1989													82
1990													86
1991													91
1992													105
1993													117
1994													106
1995													107
1996													113
1997													112
1998													130
1999													105
2000													111
2001													110
2002													123
2003													109
2004													86
2005													82
2006													85
2007													83
2008													97
2009													119
2010													106
2011													108
2012													103
2013													170
2014													125
2015													120
2016													121
2017													128
2018													141
2019													126

ホオアカ　学名 *Emberiza fucata*

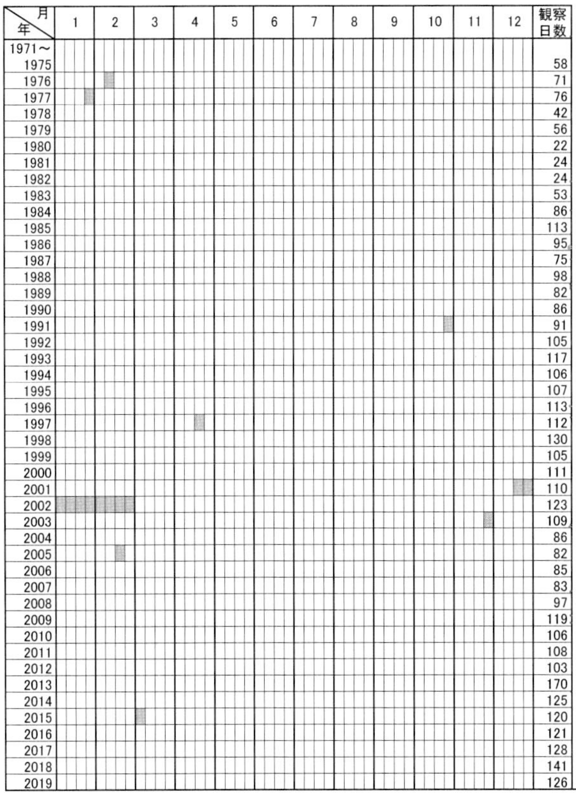

年＼月	1	2	3	4	5	6	7	8	9	10	11	12	観察日数
1971～1975													58
1976													71
1977													76
1978													42
1979													56
1980													22
1981													24
1982													24
1983													53
1984													86
1985													113
1986													95
1987													75
1988													98
1989													82
1990													86
1991													91
1992													105
1993													117
1994													106
1995													107
1996													113
1997													112
1998													130
1999													105
2000													111
2001													110
2002													123
2003													109
2004													86
2005													82
2006													85
2007													83
2008													97
2009													119
2010													106
2011													108
2012													103
2013													170
2014													125
2015													120
2016													121
2017													128
2018													141
2019													126

コホオアカ　学名 *Emberiza pusilla*

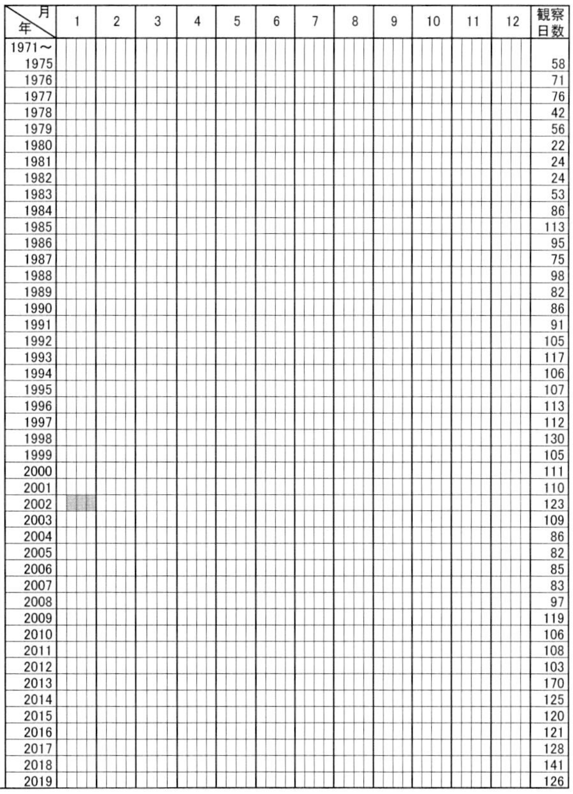

年＼月	1	2	3	4	5	6	7	8	9	10	11	12	観察日数
1971～1975													58
1976													71
1977													76
1978													42
1979													56
1980													22
1981													24
1982													24
1983													53
1984													86
1985													113
1986													95
1987													75
1988													98
1989													82
1990													86
1991													91
1992													105
1993													117
1994													106
1995													107
1996													113
1997													112
1998													130
1999													105
2000													111
2001													110
2002													123
2003													109
2004													86
2005													82
2006													85
2007													83
2008													97
2009													119
2010													106
2011													108
2012													103
2013													170
2014													125
2015													120
2016													121
2017													128
2018													141
2019													126

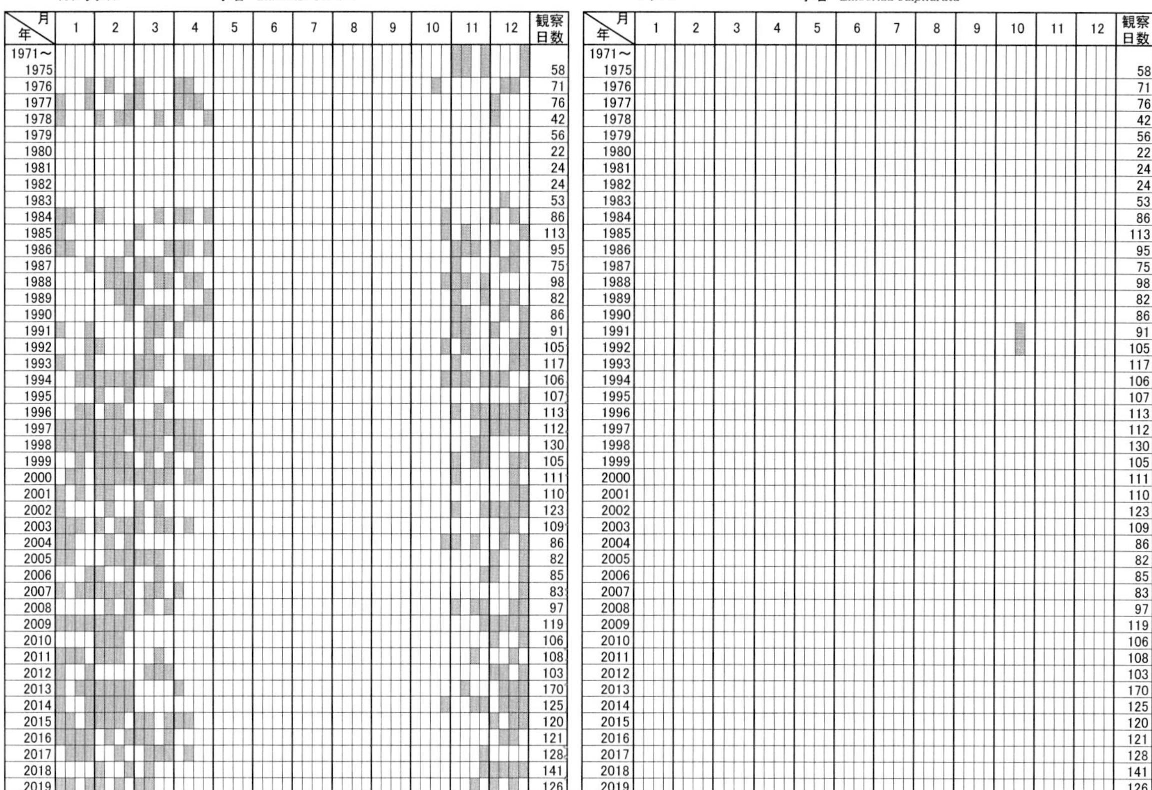

カシラダカ　学名 *Emberiza rustica*

年＼月	1	2	3	4	5	6	7	8	9	10	11	12	観察日数
1971～1975													58
1976													71
1977													76
1978													42
1979													56
1980													22
1981													24
1982													24
1983													53
1984													86
1985													113
1986													95
1987													75
1988													98
1989													82
1990													86
1991													91
1992													105
1993													117
1994													106
1995													107
1996													113
1997													112
1998													130
1999													105
2000													111
2001													110
2002													123
2003													109
2004													86
2005													82
2006													85
2007													83
2008													97
2009													119
2010													106
2011													108
2012													103
2013													170
2014													125
2015													120
2016													121
2017													128
2018													141
2019													126

ノジコ　学名 *Emberiza sulphurata*

年＼月	1	2	3	4	5	6	7	8	9	10	11	12	観察日数
1971～1975													58
1976													71
1977													76
1978													42
1979													56
1980													22
1981													24
1982													24
1983													53
1984													86
1985													113
1986													95
1987													75
1988													98
1989													82
1990													86
1991													91
1992													105
1993													117
1994													106
1995													107
1996													113
1997													112
1998													130
1999													105
2000													111
2001													110
2002													123
2003													109
2004													86
2005													82
2006													85
2007													83
2008													97
2009													119
2010													106
2011													108
2012													103
2013													170
2014													125
2015													120
2016													121
2017													128
2018													141
2019													126

アオジ　学名 *Emberiza spodocephala*

年＼月	1	2	3	4	5	6	7	8	9	10	11	12	観察日数
1971～1975													58
1976													71
1977													76
1978													42
1979													56
1980													22
1981													24
1982													24
1983													53
1984													86
1985													113
1986													95
1987													75
1988													98
1989													82
1990													86
1991													91
1992													105
1993													117
1994													106
1995													107
1996													113
1997													112
1998													130
1999													105
2000													111
2001													110
2002													123
2003													109
2004													86
2005													82
2006													85
2007													83
2008													97
2009													119
2010													106
2011													108
2012													103
2013													170
2014													125
2015													120
2016													121
2017													128
2018													141
2019													126

コジュリン　学名 *Emberiza yessoensis*

年＼月	1	2	3	4	5	6	7	8	9	10	11	12	観察日数
1971～1975													58
1976													71
1977													76
1978													42
1979													56
1980													22
1981													24
1982													24
1983													53
1984													86
1985													113
1986													95
1987													75
1988													98
1989													82
1990													86
1991													91
1992													105
1993													117
1994													106
1995													107
1996													113
1997													112
1998													130
1999													105
2000													111
2001													110
2002													123
2003													109
2004													86
2005													82
2006													85
2007													83
2008													97
2009													119
2010													106
2011													108
2012													103
2013													170
2014													125
2015													120
2016													121
2017													128
2018													141
2019													126

オオジュリン　　学名 *Emberiza schoeniclus*

年＼月	1	2	3	4	5	6	7	8	9	10	11	12	観察日数
1971～1975													58
1976													71
1977													76
1978													42
1979													56
1980													22
1981													24
1982													24
1983													53
1984													86
1985													113
1986													95
1987													75
1988													98
1989													82
1990													86
1991													91
1992													105
1993													117
1994													106
1995													107
1996													113
1997													112
1998													130
1999													105
2000													111
2001													110
2002													123
2003													109
2004													86
2005													82
2006													85
2007													83
2008													97
2009													119
2010													106
2011													108
2012													103
2013													170
2014													125
2015													120
2016													121
2017													128
2018													141
2019													126

日本野鳥の会群馬（日本野鳥の会群馬県支部）会報『野の鳥』に発表した観察記録など

タカの渡りに関するもの

サシバの渡り高度について（1993）野の鳥第 200 号：18 － 19

'94 サシバ・ハチクマ春の渡り（1994）野の鳥第 206 号：18 － 19

秋のタカの仲間の渡り（2001 年）－坂東大橋－（2002）野の鳥第 249 号：16 － 17

2002 年秋、寂しかったタカの渡り（坂東大橋）（2003）野の鳥第 255 号：16 － 17

2003 年秋、タカに助けられ渡り調査（2004）野の鳥第 261 号：15 － 16

坂東大橋でのハチクマ・ノスリ・サシバ（2006）野の鳥第 273 号：17 － 18

サシバ、高度 1,000m で渡る（2007）野の鳥第 279 号：20

2007 年秋のタカの渡り（利根川・坂東大橋）（2008）野の鳥第 285 号：17 － 18

2009 年秋のタカの渡り（坂東大橋）（2010）野の鳥第 298 号：16 － 17

強風に逆らいサシバ渡る（2011）野の鳥第 303 号：10 － 11

坂東でのタカの渡り（2012）野の鳥第 309 号：8 － 9

2012 年タカの渡り（伊勢崎市境島村利根川右岸）（2013）野の鳥第 315 号：5 － 6

2013 年タカの渡り（伊勢崎市境島村利根川右岸）（2014）野の鳥第 321 号：5

2014 年タカの渡り（伊勢崎市境島村利根川右岸）（2015）野の鳥第 327 号：6 － 7

2015 年タカの渡り（伊勢崎市境島村利根川右岸）（2016）野の鳥第 333 号：6 － 7

2016 年秋のタカの渡り（伊勢崎市境島村利根川右岸ほか）（2017）野の鳥第 339 号：7 － 9

2017 年秋、館林市の北端でタカを待つ＋自宅で（2018）野の鳥第 346 号：4 － 6

利根川（坂東大橋から境島村付近）におけるサシバの渡りのピークについて（2018）野の鳥第 346 号：6 － 7

2018 年タカの渡り（2019）野の鳥第 351 号：5 － 6

2019 秋、タカの渡り（2020）野の鳥第 357 号：8 － 9

その他の鳥に関するもの

コシジロアジサシ観察記（1995）野の鳥第 210 号：16

○○○○○○○アジサシもでました（1995）野の鳥第 211 号：18 － 19

期待していたアカハジロ（1996）野の鳥第 217 号：16

ハイイロチュウヒを待てば、ケアシノスリが来る（1997）野の鳥第 220 号：13 － 14

銚子よりコシジロアジサシ飛来す（1999）野の鳥第 235 号：16

25 年ぶりのハイイロヒレアシシギ（2001）野の鳥第 245 号：20

2002 年春、Emberiza 咲き乱れる（2002）野の鳥第 250 号：18

利根川のシギ・チドリ－卯木達朗著「群馬の野鳥」と、その後の 30 年－（2005）野

の鳥第 270 号：3 － 4
オオハム夏羽の観察（2009）野の鳥第 295 号：4 － 5
シロカモメ初見（2012）野の鳥第 312 号：14
尾羽の外側が白いモズ…それは…？迂闊にもセアカモズだった！！（その 1）（2018）野の鳥第 346 号：14 － 15
尾羽の外側が白いモズ…それは…？迂闊にもセアカモズだった！！（その 2）（2018）野の鳥第 347 号：13 － 15
深追いせずに死なせてしまったアオバト（2019）野の鳥第 351 号：10
落ちアユの季節とコウノトリ（2019）野の鳥第 351 号：14
コアジサシの繁殖地復活を目指して（2019）野の鳥第 352 号：13 － 14
復活を目前に、コアジサシ全卵（29 巣）捕食さる（2019）野の鳥第 355 号：5 － 9
日本の図鑑には載っていないコアジサシ第 1 回夏羽です（2019）野の鳥第 356 号：5 －7

その他の会報・雑誌に発表したもの

利根川四季の鳥（1997）群馬の自然 106 号：5 － 8
あれから 22 年後の坂東大橋付近（1999）上州路 306 号：22
利根川の夏鳥、コアジサシーその生態の一端ー（2019）群馬の自然 192 号：5 － 7

本書鳥類リスト

本表において、和名の末尾に＊のついているものは、写真掲載のない種。

キジ目
キジ科
ウズラ
キジ

カモ目
カモ科
ヒシクイ
マガン
コブハクチョウ
コハクチョウ
オオハクチョウ
ツクシガモ
オシドリ
オカヨシガモ
ヨシガモ
ヒドリガモ
アメリカヒドリ
マガモ
カルガモ
ハシビロガモ
オナガガモ
シマアジ
トモエガモ
コガモ
アメリカコガモ
ホシハジロ
アカハジロ
キンクロハジロ
スズガモ
シノリガモ
クロガモ
ホオジロガモ
ミコアイサ
カワアイサ
ウミアイサ

カイツブリ目
カイツブリ科
カイツブリ
アカエリカイツブリ
カンムリカイツブリ
ハジロカイツブリ

ハト目
ハト科
キジバト

アビ目
アビ科
オオハム

ミズナギドリ目
ミズナギドリ科
オオミズナギドリ

コウノトリ目
コウノトリ科
ナベコウ
コウノトリ

カツオドリ目
ウ科
カワウ

ペリカン目
サギ科
ヨシゴイ
ゴイサギ
ササゴイ
アカガシラサギ
アマサギ
アオサギ
ダイサギ
チュウサギ
コサギ
トキ科
クロツラヘラサギ

ツル目
ツル科
ナベヅル
クイナ科
クイナ
ヒクイナ
バン
オオバン

カッコウ目
カッコウ科
ホトトギス＊
カッコウ

アマツバメ目
アマツバメ科
ハリオアマツバメ
アマツバメ
ヒメアマツバメ＊

チドリ目
チドリ科
タゲリ
ケリ
ムナグロ
ダイゼン
ハジロコチドリ
イカルチドリ
コチドリ
シロチドリ
メダイチドリ
セイタカシギ科
セイタカシギ
シギ科
タシギ
オグロシギ＊
オオソリハシシギ
チュウシャクシギ
ホウロクシギ
ツルシギ
アオアシシギ
クサシギ
タカブシギ
キアシシギ
ソリハシシギ
イソシギ
キョウジョシギ
オバシギ＊
トウネン
オジロトウネン
ヒバリシギ
ウズラシギ
サルハマシギ
ハマシギ
エリマキシギ
アカエリヒレアシシギ
ハイイロヒレアシシギ
ツバメチドリ科
ツバメチドリ
カモメ科
ミツユビカモメ
ユリカモメ
ウミネコ
カモメ
シロカモメ
セグロカモメ
オオセグロカモメ
コアジサシ
コシジロアジサシ
アジサシ
クロハラアジサシ
ハジロクロハラアジサシ
トウゾクカモメ科
シロハラトウゾクカモメ＊

タカ目
ミサゴ科
ミサゴ
タカ科
ハチクマ
トビ
オジロワシ
チュウヒ
ハイイロチュウヒ
ツミ
ハイタカ
オオタカ
サシバ
ノスリ
ケアシノスリ

フクロウ目
フクロウ科
コミミズク

サイチョウ目
ヤツガシラ科
ヤツガシラ

ブッポウソウ目
カワセミ科
カワセミ
ヤマセミ

キツツキ目
キツツキ科
アリスイ
コゲラ
アカゲラ
アオゲラ

ハヤブサ目
ハヤブサ科
チョウゲンボウ
コチョウゲンボウ
チゴハヤブサ *
ハヤブサ

スズメ目
オウチュウ科
オウチュウ
モズ科
モズ
セアカモズ
オオカラモズ
カラス科
カケス
オナガ
ハシボソガラス
ハシブトガラス
ツリスガラ科
ツリスガラ
シジュウカラ科
コガラ *
ヤマガラ
ヒガラ *
シジュウカラ
ヒバリ科
ヒバリ
ツバメ科
ショウドウツバメ
ツバメ
コシアカツバメ
イワツバメ
ヒヨドリ科
ヒヨドリ
ウグイス科
ウグイス
エナガ科
エナガ
ムシクイ科
メボソムシクイ *
センダイムシクイ *
メジロ科
メジロ
ヨシキリ科
オオヨシキリ
コヨシキリ
セッカ科
セッカ
レンジャク科
ヒレンジャク
ムクドリ科
ムクドリ
コムクドリ
ヒタキ科
アカハラ *
ツグミ
ハチジョウツグミ
ノゴマ
ジョウビタキ
ノビタキ
エゾビタキ
コサメビタキ
スズメ科
ニュウナイスズメ *
スズメ
セキレイ科
キセキレイ
ハクセキレイ
セグロセキレイ
タヒバリ
アトリ科
アトリ
カワラヒワ
マヒワ
ベニマシコ
シメ
ホオジロ科
ホオジロ
ホオアカ
コホオアカ
カシラダカ
ノジコ
アオジ
コジュリン
オオジュリン

和名索引

凡例
写真を掲載したページを示す。
ただし、写真掲載のない種は図表のページとし、末尾に※を付した。

ア―オ

アオアシシギ……………… 57
アオゲラ…………………… 82
アオサギ…………………… 43
アオジ……………………… 110
アカエリカイツブリ……… 36
アカエリヒレアシシギ…… 64
アカガシラサギ…………… 42
アカゲラ…………………… 82
アカハジロ………………… 31
アカハラ…………………… 204※
アジサシ…………………… 70
アトリ……………………… 105
アマサギ…………………… 42
アマツバメ………………… 49
アメリカコガモ…………… 30
アメリカヒドリ…………… 26
アリスイ…………………… 81
イカルチドリ……………… 52
イソシギ…………………… 59
イワツバメ………………… 93
ウグイス…………………… 94
ウズラ……………………… 20
ウズラシギ………………… 62
ウミアイサ………………… 35
ウミネコ…………………… 67
エゾビタキ………………… 101
エナガ……………………… 95
エリマキシギ……………… 63
オウチュウ………………… 84
オオカラモズ……………… 87
オオジュリン……………… 111
オオセグロカモメ………… 69
オオソリハシシギ………… 55
オオタカ…………………… 77
オオハクチョウ…………… 23
オオハム…………………… 38
オオバン…………………… 47
オオミズナギドリ………… 38
オオヨシキリ……………… 96
オカヨシガモ……………… 24
オグロシギ………………… 182※
オシドリ…………………… 24
オジロトウネン…………… 61
オジロワシ………………… 74
オナガ……………………… 88
オナガガモ………………… 28
オバシギ…………………… 185※

カ―コ

カイツブリ………………… 35
カケス……………………… 87
カシラダカ………………… 109
カッコウ…………………… 48
カモメ……………………… 67
カルガモ…………………… 27
カワアイサ………………… 34
カワウ……………………… 40
カワセミ…………………… 80
カワラヒワ………………… 105
カンムリカイツブリ……… 36
キアシシギ………………… 58
キジ………………………… 20
キジバト…………………… 37
キセキレイ………………… 103
キョウジョシギ…………… 60
キンクロハジロ…………… 31
クイナ……………………… 46
クサシギ…………………… 57
クロガモ…………………… 33
クロツラヘラサギ………… 45
クロハラアジサシ………… 71
ケアシノスリ……………… 78
ケリ………………………… 50
コアジサシ………………… 69
ゴイサギ…………………… 41
コウノトリ………………… 39
コガモ……………………… 29
コガラ……………………… 199※
コゲラ……………………… 81
コサギ……………………… 44
コサメビタキ……………… 102
コシアカツバメ…………… 93
コシジロアジサシ………… 70
コジュリン………………… 111
コチドリ…………………… 52
コチョウゲンボウ………… 83
コハクチョウ……………… 22
コブハクチョウ…………… 22
コホオアカ………………… 109
コミミズク………………… 79
コムクドリ………………… 98
コヨシキリ………………… 96

サ―ソ

ササゴイ…………………… 41
サシバ……………………… 77
サルハマシギ……………… 62
シジュウカラ……………… 90
シノリガモ………………… 32
シマアジ…………………… 28
シメ………………………… 107
ショウドウツバメ………… 91、92
ジョウビタキ……………… 100
シロカモメ………………… 68
シロチドリ………………… 53
シロハラトウゾクカモメ… 190※
スズガモ…………………… 32
スズメ……………………… 102
セアカモズ………………… 85、86
セイタカシギ……………… 54
セグロカモメ……………… 68
セグロセキレイ…………… 104
セッカ……………………… 97
センダイムシクイ………… 202※
ソリハシシギ……………… 59

タ―ト

ダイサギ…………………… 43
ダイゼン…………………… 51
タカブシギ………………… 58
タゲリ……………………… 49
タシギ……………………… 54
タヒバリ…………………… 104
チゴハヤブサ……………… 196※
チュウサギ………………… 44
チュウシャクシギ………… 55
チュウヒ…………………… 75
チョウゲンボウ…………… 83
ツクシガモ………………… 23
ツグミ……………………… 99
ツバメ……………………… 92
ツバメチドリ……………… 65
ツミ………………………… 76
ツリスガラ………………… 89
ツルシギ…………………… 56
トウネン…………………… 60
トビ………………………… 73
トモエガモ………………… 29

ナ―ノ

ナベコウ…………………… 39

ナベヅル……………………… 45
ニュウナイスズメ………… 206※
ノゴマ………………………… 100
ノジコ………………………… 110
ノスリ………………………… 78
ノビタキ……………………… 101

ハ—ホ

ハイイロチュウヒ………… 75
ハイイロヒレアシシギ…… 64
ハイタカ……………………… 76
ハクセキレイ……………… 103
ハシビロガモ……………… 27
ハシブトガラス…………… 89
ハシボソガラス…………… 88
ハジロカイツブリ………… 37
ハジロクロハラアジサシ… 71
ハジロコチドリ…………… 51
ハチクマ……………………… 73
ハチジョウツグミ………… 99
ハマシギ……………………… 63
ハヤブサ……………………… 84
ハリオアマツバメ………… 48
バン…………………………… 47
ヒガラ………………………… 199※
ヒクイナ……………………… 46
ヒシクイ……………………… 21
ヒドリガモ…………………… 25
ヒバリ………………………… 91
ヒバリシギ…………………… 61
ヒメアマツバメ…………… 179※
ヒヨドリ……………………… 94
ヒレンジャク……………… 97
ベニマシコ…………………… 107
ホウロクシギ……………… 56
ホオアカ……………………… 108
ホオジロ……………………… 108
ホオジロガモ……………… 33
ホシハジロ…………………… 30
ホトトギス…………………… 178※

マ—モ

マガモ………………………… 26
マガン………………………… 21
マヒワ………………………… 106
ミコアイサ…………………… 34
ミサゴ………………………… 72
ミツユビカモメ…………… 66
ムクドリ……………………… 98
ムナグロ……………………… 50
メジロ………………………… 95
メダイチドリ……………… 53
メボソムシクイ…………… 202※
モズ…………………………… 85

ヤ—ヨ

ヤツガシラ…………………… 79
ヤマガラ……………………… 90
ヤマセミ……………………… 80
ユリカモメ…………………… 66
ヨシガモ……………………… 25
ヨシゴイ……………………… 40

学名索引

凡例
写真を掲載したページを示す。
ただし、写真掲載のない種は図表のページとし、末尾に※を付した。

A

Accipiter gentilis …… 77
Accipiter gularis …… 76
Accipiter nisus …… 76
Acrocephalus bistrigiceps …… 96
Acrocephalus orientalis …… 96
Actitis hypoleucos …… 59
Aegithalos caudatus …… 95
Agropsar philippensis …… 98
Aix galericulata …… 24
Alauda arvensis …… 91
Alcedo atthis …… 80
Anas acuta …… 28
Anas americana …… 26
Anas clypeata …… 27
Anas crecca …… 29
A. c.carolinensis …… 30
Anas falcata …… 25
Anas formosa …… 29
Anas penelope …… 25
Anas Platyrhynchos …… 26
Anas querquedula …… 28
Anas strepera …… 24
Anas zonorhyncha …… 27
Anser albifrons …… 21
Anser fabalis …… 21
Anthus rubescens …… 104
Apus nipalensis …… 179※
Apus pacificus …… 49
Ardea alba …… 43
Ardea cinerea …… 43
Ardeola bacchus …… 42
Arenaria interpres …… 60
Asio flammeus …… 79
Aythya baeri …… 31
Aythya ferina …… 30
Aythya fuligula …… 31
Aythya marila …… 32

B

Bombycilla japonica …… 97
Bubulcus ibis …… 42
Bucephala clangula …… 33
Butastur indicus …… 77
Buteo buteo …… 78
Buteo lagopus …… 78
Butorides striata …… 41

C

Calidris acuminata …… 62
Calidris alpina …… 63
Calidris ferruginea …… 62
Calidris ruficollis …… 60
Calidris subminuta …… 61
Calidris temminckii …… 61
Calidris tenuirostris …… 185※
Calonectris leucomelas …… 38
Carduelis spinus …… 106
Cettia diphone …… 94
Charadrius alexandrinus …… 53
Charadrius dubius …… 52
Charadrius hiaticula …… 51
Charadrius mongolus …… 53
Charadrius placidus …… 52
Chlidonias hybrida …… 71
Chlidonias leucopterus …… 71
Chloris sinica …… 105
Ciconia boyciana …… 39
Ciconia nigra …… 39
Circus cyaneus …… 75
Circus spilonotus …… 75
Cisticola juncidis …… 97
Coccothraustes coccothraustes …… 107
Corvus corone …… 88
Corvus macrorhynchos …… 89
Coturnix japonica …… 20
Cuculus canorus …… 48
Cuculus poliocephalus …… 178※
Cyanopica cyanus …… 87
Cygnus columbianus …… 22
Cygnus cygnus …… 23
Cygnus olor …… 22

D

Delichon dasypus …… 93
Dendrocopos kizuki …… 81
Dendrocopos major …… 82
Dicrurus macrocercus …… 84

E

Egretta garzetta …… 44
Egretta intermedia …… 44
Emberiza cioides …… 108
Emberiza fucata …… 108
Emberiza pusilla …… 109
Emberiza rustica …… 109
Emberiza schoeniclus …… 111
Emberiza spodocephala …… 110
Emberiza sulphurata …… 110

Emberiza yessoensis ··············· *111*

F

Falco columbarius ·················· *83*
Falco peregrinus ·················· *84*
Falco subbuteo ····················· *196*※
Falco tinnunculus ·················· *83*
Fringilla montifringilla ········· *105*
Fulica atra ························ *47*

G

Gallinago gallinago ··············· *54*
Gallinula chloropus ··············· *47*
Garrulus glandarius ··············· *87*
Gavia arctica ······················· *38*
Glareola maldivarum ············ *65*
Grus monacha ····················· *45*

H

Haliaeetus albicilla ··············· *74*
Heteroscelus brevipes ············ *58*
Himantopus himantopus ········· *54*
Hirundapus caudacutus ········· *48*
Hirundo daurica ·················· *93*
Hirundo rustica ···················· *92*
Histrionicus histrionicus ········· *32*
Hypsipetes amaurotis ············ *94*

I-J

Ixobrychus sinensis ··············· *40*
Jynx torquilla ····················· *81*

L

Lanius bucephalus ··············· *85*
Lanius collurio ····················· *85*、*86*
Lanius sphenocercus ············ *87*
Larus argentatus ·················· *68*
Larus canus ························ *67*
Larus crassirostris ················· *67*
Larus hyperboreus ················· *68*
Larus ridibundus ····················· *66*
Larus schistisagus ··············· *69*
Limosa lapponica ················· *55*
Limosa limosa ····················· *182*※
Luscinia calliope ················· *100*

M

Megaceryle lugubris ············ *80*
Melanitta americana ············ *33*
Mergellus albellus ················· *34*
Mergus merganser ··············· *34*
Mergus serrator ···················· *35*
Milvus migrans ···················· *73*
Motacilla alba ······················· *103*
Motacilla cinerea ················· *103*
Motacilla grandis ················· *104*
Muscicapa dauurica ·············· *102*
Muscicapa griseisticta ··········· *101*

N

Numenius madagascariensis ··· *56*
Numenius phaeopus ·············· *55*
Nycticorax nycticorax ··········· *41*

P

Pandion haliaetus ················· *72*
Parus minor ························ *90*
Passer montanus ················· *102*
Passer rutilans ···················· *206*※
Periparus ater ···················· *199*※
Pernis ptilorhynchus ·············· *73*
Phalacrocorax carbo ·············· *40*
Phalaropus fulicarius ············ *64*
Phalaropus lobatus ·············· *64*
Phasianus colchicus ·············· *20*
Philomachus pugnax ············ *63*
Phoenicurus auroreus ··········· *100*
Phylloscopus coronatus ········· *202*※
Phylloscopus xanthodryas ······ *202*※
Picus awokera ···················· *82*
Platalea minor ···················· *45*
Pluvialis fulva ···················· *50*
Pluvialis squatarola ·············· *51*
Podiceps cristatus ················· *36*
Podiceps grisegena ·············· *36*
Podiceps nigricollis ·············· *37*
Poecile montanus ················· *199*※
Poecile varius ······················ *89*
Porzana fusca ······················ *46*

R

Rallus aquaticus ················· *46*
Remiz pendulinus ·············· *89*
Riparia riparia ···················· *91*、*92*
Rissa tridactyla ···················· *66*

S

Saxicola torquatus ·············· *101*
Spodiopsar cineraceus ··········· *98*
Stercorarius longicaudus ········ *190*※
Sterna albifrons ·················· *69*
Sterna aleutica ···················· *70*
Sterna hirundo ···················· *70*
Streptopelia orientalis ··········· *37*

T

Tachybaptus ruficollis ··········· *35*
Tadorna tadorna ················· *23*

Tringa erythropus ·················· 56
Tringa glareola ····················· 58
Tringa nebularia ·················· 57
Tringa ochropus ·················· 57
Turdus chrysolaus ··············· 204※
Turdus naumanni ·················· 99
T.n. naumanni ····················· 99

U-Z

Upupa epops ························ 79
Uragus sibiricus ···················· 107
Vanellus cinereus ·················· 50
Vanellus vanellus ·················· 49
Xenus cinereus ····················· 59
Zosterops japonicus ··············· 95

参考文献

高島春雄・黒田長久、1964、小学館学習図鑑シリーズ④鳥類の図鑑、小学館 , 東京

小林桂助、1971、原色日本鳥類図鑑（増補改訂版）、保育社 , 東京

卯木達朗、1973、群馬の野鳥、煥乎堂 , 前橋

高野伸二、1980、野鳥識別ハンドブック、日本野鳥の会 , 東京

高野伸二監修、1981、カラー写真による日本産鳥類図鑑、東海大学出版会 , 東京

高野伸二、1989、フィールドガイド日本の野鳥増補版、日本野鳥の会 , 東京

日本鳥類保護連盟、1992、鳥 630 図鑑、日本鳥類保護連盟 , 東京

石川勉、1993、東京湾の渡り鳥、晶文社 , 東京

森岡照明（1998）新しい識別の試み　第 9 回　舳倉島で観察されたモズ類、BIRDER　12（1）：66-69.

山形則男・吉野俊幸・五百沢日丸、2000、日本の鳥 550 山野の鳥、文一総合出版 , 東京

山形則男・吉野俊幸・桐原政志、2000、日本の鳥 550 水辺の鳥、文一総合出版 , 東京

真木広造・大西敏一、2000、日本の野鳥 590、平凡社 , 東京

氏原巨雄・氏原道昭、2000、カモメ識別ハンドブック、文一総合出版 , 東京

森岡照明（2003）2003 年上半期日本に舞い降りた珍鳥たち　オオカラモズ、BIRDER　17（9）：47.

信州ワシタカ類渡り調査研究グループ、2003、タカの渡り観察ガイドブック、文一総合出版 , 東京

氏原巨雄・氏原道昭、2004、シギ・チドリ類ハンドブック、文一総合出版 , 東京

CHANDLER S. ROBBINS, BERTEL BRUUN, and HERBERT S.ZIM ,1966、*A GUIDE TO FIELD IDENTIFICATION、BIRDS OF NORTH AMERICA.* Golden Press ,New York

BERTEL BRUUN,1978、*The Hamlyn Guide to Birds of Britain and Europe.*Hamlyn.London

Klaus Malling Olsen and Hans Larsson,1995、*Terns of Europe and North America.*CHRISTOPHER HELM,London.

渡辺修治（2005）考える識別・感じる識別　第 32 回　モズ類 .BIRDER　19（12）：59-65.

古市幸士・曽根俊二・遠山穎輔・岩田篤志（2010）セアカモズ *Lanius collurio* の香川県初記録 . 日鳥学誌 59：189-193.

日本鳥学会、2012、日本鳥類目録改訂第 7 版、日本鳥学会 , 三田

堀本徹・渡部良樹（2014）神奈川県相模川におけるセアカモズ *Lanius collurio* の記録 . 日鳥学誌 63：329-336.

日本野鳥の会群馬（群馬県鳥類目録編集作業チーム）、2014、群馬県鳥類目録 2012、日本野鳥の会群馬 , 高崎

日本野鳥の会群馬（群馬県鳥類目録改訂作業チーム）、2020、群馬県鳥類目録改訂版（PDF）、日本野鳥の会群馬 , 高崎

あとがき

鳥仲間は私のことを「（写真屋さんでなく）記録屋さんだね」という。私もそう思っているし、「はじめに」の中でも述べたとおり、それは当初からの姿勢だった。だから、私の写真は写真屋さんのそれと異なり、芸術性は二の次だ。私にとって写真は記録を担保するための手段で、そんなことから「もっと良い写真を」という意欲には少し欠けている。

そんな理由ばかりではないが、本書の中に「こんなのを載せて」というのもある。が、いかんせんそれ以上のものが撮れていないので、やむを得ない。また「写真なし」が12種ある。それでは第三者に対抗できず、私の気持ちとしてそれはほとんど「記録していない」ことと同じだ。そんな悔しい思いをひとつでも減らすべく、利根川に通っている。たいていはすでに写真に収めた常連で、なかなか再会の機会はなく、シャッターを切らずに帰る日が続く。それでも飽きずに通っていると望外のこともある。それは見たことのない鳥が出た時で、はやる気持ちを抑え慎重にシャッターを押す刹那（せつな）、それは記録屋冥利（みょうり）に尽きる最高の瞬間だ。

これまで日本で記録された野鳥は、参考文献に示した書名にもあるとおり550種以上ある。これからあと何種類記録できるか楽しみは尽きない。

なお、種の同定などについては参考文献に掲げた書籍を参考にしましたが、意見・疑義など感じた方があったらお聞かせ願えればと思います。

終わりに多くの鳥の情報や観察を一緒にしていただいた、富岡六郎、飯島勝美、清水輝久、敷地富士雄、森田文三郎の諸氏に御礼を申し上げます。ひとりで通っていただけではこれほど効率的に記録・撮影できなかったものです。

2020年9月
小茂田　英彦

著者略歴

小茂田英彦

1952 年　群馬県佐波郡豊受村に生まれる
（1955 年豊受村は伊勢崎市に合併）

1965 年　伊勢崎市立豊受小学校卒業

1968 年　伊勢崎市立第二中学校豊受教場卒業

1971 年　群馬県立伊勢崎東高等学校卒業

1975 年　東京農業大学農学部農業経済学科卒業

2013 年　伊勢崎市役所退職

利根川の鳥

—中流域（坂東大橋付近）における 1971 年～ 2019 年の記録—

2020 年 9 月 20 日　初版第一刷発行

著　者　小茂田英彦

発行者　山本　正史

印　刷　株式会社わかば

発行所　まつやま書房

〒 355 − 0017　埼玉県東松山市松葉町 3 − 2 − 5

Tel.0493 − 22 − 4162　Fax.0493 − 22 − 4460

郵便振替　00190 − 3 − 70394

URL:http://www.matsuyama − syobou.com/

ISBN 978-4-89623-141-4　C0045